KB252543

모든 사람을 위한
과학 글쓰기
정확하게 명쾌하게 간결하게

제안서에서 논문과 프레젠테이션까지

신형기 정희모 김성수 이재성 유현재 김현주 한경회 박권수 박진영

● 일러두기

1. 이 책은 한국학술진흥재단과 연세대학교의 지원을 받아 씌어졌다.
2. 이 책에서 외국 인명, 지명 등의 표기는 국립국어원의 외래어 표기 규정을 따랐다.
3. 이 책에 사용된 문장 부호의 의미는 다음과 같다.

　겹낫표(『 』): 단행본, 논문집

　낫표(「 」): 논문, 단일 작품

　이중꺾쇠(《 》): 잡지, 학술지 등의 정기 간행물

책머리에

"과학을 연구하려면 무엇보다 글을 잘 써야 한다."는 말은 오늘날 더 이상 특별한 것이 아니다. 무엇보다 과학 기술자는 자신의 연구 결과를 충실히 설명할 수 있어야 한다. 그뿐만 아니라 대중에게 과학 지식을 효과적으로 전달해야 할 때도 있다. 글쓰기는 고찰의 능력과도 관련되는 것이어서 글쓰기 훈련이 잘 된 사람은 연구도 잘할 가능성이 높다. 훌륭한 과학 기술자는 훌륭한 저술가일 필요가 있는 것이다. 기업에서도 글쓰기는 생산성을 높이는 중요한 요소로 간주되고 있다. 그렇기 때문에 장차 과학 기술 분야에 종사할 대학생은 물론 이미 연구소와 기업에서 일하고 있는 전문가들은 반드시 과학 글쓰기(science writing)를 체계적으로 공부하는 기회를 갖는 것이 좋다.

과학 글쓰기란 과학 현상에 대해 관찰하거나 사유한 과정, 그리고 공학 기술적 문제를 개인적인 의견이나 판단에 근거하지 않고 객관적으로 정확하게 기록한 모든 양식의 글쓰기를 말한다. 여기에는 간단한 메모 형태의 글에서부터 일정한 체재와 규칙에 따라 작성되는 보고서, 논문, 제안서, 프레젠테이션 등이 포함된다. 과학 글쓰기의 시대인 현재, 과학 현상이나 공학 기술 문제를 다루지 않고 살아갈 수는 없다. 따라서 과학 글쓰기는 과학 기술자뿐만 아니라 현대를 살아가는 모든 사람이 배우고 익혀야 하는 글쓰기인 것이다.

이 책은 과학 글쓰기의 방법과 기술을 익히기 위한 것이다. 대학생들을 가르치는 것이 이 책의 일차적 목적이다. 그러나 이 책은 또 사회와 기업의 요청에 응답하기 위해 씌어진 것이기도 하다. 현재 여러 기업들이 자신들의 필요 때문에 과학 글쓰기를 자체 교육하고 있는데, 이 책이 과학 글쓰기 능력을 기르고자 하는 현장의 과학 기술자들에게도 실질적인 도움을 줄 수 있기를 기대한다.

이 책은 인문·사회 분야의 교수들과 이공학 분야의 교수들이 함께한 학제간 협동 연구의 산물이다. 3년 넘게 이루어진 토론과 집필의 과정은 물론 순탄치 않았다. 처음에는 과학 글쓰기의 목적과 방향에 관한 격렬한 논란이 있었다. 책의 초안을 잡고 각 장의 초고를 집필한 뒤 50여 회에 걸친 전체 회의를 통해 각 장의 세부적인 내용을 조정하기까지 숱한 시행착오를 범하면서 우회의 길을 걸어야 했다. 그러나 기왕의 글쓰기 교재들과 외국 대학의 중요한 논저들, 특히 제임스 패러디(James G. Paradis)와 뮤리얼 짐머만(Muriel L. Zimmerman)이 함께 쓴 『과학 기술 커뮤니케이션을 위한 MIT 가이드(*The MIT Guide to Science and Engineering Communication*)』와 같은 책들은 유용한 징검다리가 되어 주었다.

이 책은 설명의 자료를 제시하고 적절한 예를 찾기 위해 갖가지 보고서와 논문에서 에세이, 교양서, 기업 문서 및 신문에 게재된 과학 칼럼에 이르기까지 방대한 양의 문서들을 참조했다. 아마도 이 책은 한국에서 출간된 과학 글쓰기 교재로서는 가장 전문적이고 본격적인 것이라고 말할 수 있을 것이다. 이 책을 디딤돌로 삼아 좀 더 풍성하고 전문화된 과학 글쓰기 책들이 나오기를 바란다.

이 책은 과학 기술자가 흔히 세 방향의 커뮤니케이션을 한다는 사실, 즉 같은 분야의 전문가들과, 다른 분야의 전문가들과, 그리고 대중과 소통한다는 사실을 염두에 두고 구성되었다.

1장에서 5장까지는 과학 기술자의 활동과 의사소통 능력의 관계에 초점을 맞췄다. 즉 과학적 주제를 글로 표현할 때의 문제를 다루는 데 주력했다. 또 전문가들 사이의 협력 활동에는 어떤 글이 필요하고 어떤 식으로 글을 써야 하는지 탐색했고, 표절 문제를 비롯한 과학 글쓰기의 윤리 문제를 강조했다.

6장에서 11장까지는 보고서나 논문 작성법처럼 대학에서 학생들이 과학 글쓰기를 수행하는 데 필요한 구체적인 세부 지침을 제시하는 한편, 기업에서 필요한 문서와 제안서의 작성 요령, 그리고 프레젠테이션의 방법 등을 충실히 소개하고자 했다. 더불어 객관적이고 명확한 문장을 쓸 수 있는 능력을 기르는 데 실제적인 도움을 주고자 노력했다.

이 책을 사용하여 학생들을 가르치거나 스스로 글쓰기를 공부할 때, 공부하는 사람들의 전공에 적합한 예문들을 응용한다면 학습의 효과를 올릴 수 있을 것이다. 읽거나 가르칠 때 반드시 이 책의 차례를 순차적으로 따를 필요는 없다. 그러나 이제 본격적으로 과학 글쓰기를 공부하는 대학 학부생이라면 책의 순서를 좇는 것이 좋지 않을까 한다. 그리고 과학 기술의 발전이 음성 언어와 문자 언어 같은 의사소통 수단과 함께해 온 것임을 보여 주는 보론을 참조한다면 과학 글쓰기의 과거, 현재, 미래를 한눈에 살필 수 있을 것이다.

이 책은 한국학술진흥재단과 연세대학교의 지원을 받아 씌어졌다. 우선 저자들로 하여금 안정적으로 연구를 할 수 있게 해 준 두 지원 기관에 감사의 뜻을 표한다. 또한 갖가지 배려를 아끼지 않은 연세대학교 학부대학의 민경찬 전 학장과 계속되는 자문에 응해 준 연세대학교 이과대학과 공과대학 교수들이 없었다면 연구는 매우 어려웠을 것이다. 연구를 진행하는 과정에서 MIT를 방문한 저자들을 맞아 과학 글쓰기 교육의 체재와 내용에 관한 유용한 정보를 준 MIT의 사이언스 라이팅 프로그램 책임자 제임스 패러디 교수와 여러 소중한 자료를 기꺼이 제공한 포항공과대학교 산업경영공학과의 한성호 교수께도 감사 인사를 드리고자 한다. 과학 문서의 지적 재산권 문제에 대해 해설을 써 주신 동국대학교 법학과 서계원 교수, 연구의 초기부터 큰 관심을 보여 준 전《과학동아》편집장 신동호 선생께도 고마움을 표하고 싶다. 책의 출간은 (주)사이언스북스가 맡아 주었다. 발행인인 박상준 대표 이사 이하 (주)사이언스북스 직원들의 노고에 감사드린다.

병술년 봄에

저자 일동

차례

1장 왜 과학 글쓰기인가?

탁월한 사람은 어떤 것을 창안할 뿐만 아니라
그것을 전달할 의무도 가진다.
● 존 플랫

1. 오늘날의 과학 기술자

과학 기술은 자연에 대한 앎을 창조적으로 구성하는 방법이자 세계를 변화시키는 실제적 지식이다. 한 사회 집단 또는 인류의 지식은 기술의 형태로 나타난다. 이런 의미에서 과학과 기술은 문화의 가시적 형태이며 구체화된 지식이다. 과학 기술은 문화를 저장하고 발전시키며 이로써 사회와 경제의 발전을 이끌어 내는 중요한 수단인 것이다.

그렇기 때문에 과학 기술자에게는 종종 직업적 전문성 이상의 역량이 요구된다. 오늘날 과학 기술자의 역할은 실험 기구와 기계를 다루어 연구 논문을 내거나 기술력을 높이는 데 그치지 않는다. 과학 기술자에게는 실험실과 작업장의 물질적·경제적·인적·제도적 자원을 효율적으로 조직하고 운영하는 책임자의 능력이 필요하다. 또 과학 기술자가 다양한 사업을 기획하고 추진하는 전문적 경영인으로 나서는 것은 현대의 한 추세이다. 한편 과학 기술자는 과학 기술 활동에 수반되는 윤리적 문제들을 이해하고 이 문제들에 적극적으로 대처해야 한다. 따라서 과학 기술자에게는 사회와 소통할 수 있는 능력, 과학 기술이 사회에 미칠 영향에 책임을 지는 고도의 윤리 의식이 필수적이다.

21세기 과학 기술자의 이상형은 자신의 분야는 물론 사회의 개혁을 주도하는 지도자이다. 전통적으로 과학 기술자는 과학적이고 기술적인 원리에 주력해 왔지만 이제 인적·사회적 네트워크를 외면하고는 자신의 임무를 효과적으로 실천할 수 없게 되었다. 또 과학 기술자에게는 학제간(interdisciplinary)의 여러 문제들과 씨름하여 새로운 지식과 문화를 만들어 내는 창의적 자세가 필요하다. 과학 기술자 집단, 대학과 산업체, 나아가 사회 전반에서 지도자와 개혁자의 역할을 다하기 위해서 과학 기술자는 자신을 둘러싼 사회적·경제적·문화적 환경이 제기하는 다양한 요구들을 이해하고 이 요구들에 답할 수 있어야 한다.

2. 과학 글쓰기는 시대의 요청이다

과학 기술 활동은 다양한 여러 사람들의 협력을 통해 이루어진다. 예컨대 대학에서 실험은 교수, 조교, 다양한 수준의 학생, 기능인, 그리고 기기 제작인의 협력에 기초한 활동이다. 실험실 또는 현장에서 과학 기술은 다양하고 복잡한 인적·물질적 교류와 협력을 바탕으로 하여 실행된다.

연구도 협동적인 작업이다. 연구의 출발점이 되는 가설은 개인의 관찰에 근거한 것일 수 있다. 그렇지만 이것을 가치 있는 이론과 법

르네상스 엔지니어

'르네상스 엔지니어(Renaissance Engineer)'란 최근 유럽의 공학 교육에서 미래의 엔지니어 상으로 제시된 개념이다. 이제까지의 엔지니어가 기술적 진보에 매여 있었다면, 미래의 엔지니어는 기술적 전문가라는 좁은 틀을 벗어나야 한다는 것이다.

르네상스 시대에 엔지니어는 장인이자 예술가였고 지식인이었다. 예컨대 15세기 초 이탈리아의 건축가 필리포 브루넬레스키는 단순히 집을 짓는 장인이 아니었다. 그는 금세공, 조각, 건축, 원근법, 성채 건축, 수리 공사, 역학 및 기구 제작에 능숙했다. 또 그는 당대의 인문주의자들과 교류했으며 그들이 발굴, 번역한 고대의 기술 문헌을 바탕으로 새로운 기술 교과서를 제작하기도 했다. 이어 르네상스를 대표하는 레오나르도 다빈치가 등장했다. 그는 화가이면서 기술자였고 또 과학자였다. 그는 지질학, 광학, 음악, 식물학, 수학, 해부학, 공학 및 수리역학 분야의 관찰 기록과 자전거, 탱크, 잠수복, 낙하산, 비행기 등 시대를 앞서는 수많은 발명의 설계도를 남겼다. 15~16세기를 거치면서 브루넬레스키와 다빈치 같은 엔지니어들의 기술적 지식과 방법이 중세적 지식 체계를 변화시켰으며, 이 과정에서 엔지니어들은 길드의 압박에서 벗어나 자유로운 신분으로 상승했다.

르네상스 엔지니어라는 개념은 엔지니어가 새로운 미래를 상상하고 만들어 가야 한다는 생각을 표현하고 있다. 이는 엔지니어들이 자신들의 작업에 영향을 끼치는 경제적 · 정치적 · 문화적 요인들을 성찰하고 그에 개입함으로써 사회적 개혁가 · 지도자의 역할을 충실히 수행해야 한다는 요구이다.

칙으로 발전시키거나 수정 또는 폐기하는 과정은 협동적인 것이다. 과학 기술자는 선행자들과 동료들의 업적을 성실하게 검토해야 하며 마찬가지로 자신의 실험과 관찰을 동료들에게 명확하게 알려야 한다. 이것은 협동의 가장 중요한 조건이다.

더구나 현대 과학 기술 연구는 복합 학제적(multidisciplinary) 팀 연구로 나아가는 추세이다. 독일의 수학자 카를 가우스는 수학뿐만 아니라 물리학과 공학 분야에서도 큰 업적을 냈다. 그러나 오늘날 현대 과학 기술의 엄청난 발전으로 한 사람의 천재 과학자가 여러 분야에서 획기적인 진보를 이룰 가능성은 줄어들었다. 대신 현대의 과학 연구는 다양한 분야의 연구자들이 협동하여 일하는 방향으로 나아가고 있다. 수학, 물리학, 컴퓨터공학, 생명과학, 인지과학 등 다방면에 걸친 수백 명의 연구자들이 모여 뇌 연구를 하는 것은 그 한 예이다. 그런 만큼 연구 조직체 내부의 효율적인 의사소통은 연구의 성패를 좌우하는 열쇠가 아닐 수 없다.

산업체와 연구소 및 대학에서 과학 기술자는 연구자로서만이 아니라 연구 조직의 책임자와 관리자로도 활동한다. 과학 기술자가 연구 조직에서 더 많은 책임을 맡고 지위가 올라갈수록 그는 한 분야의 업무를 수행하기보다 여러 분야들을 종합하고 조정하는 업무를 맡게 될 것이다. 조직의 여러 부서들과 구성원들이 지식과 정보를 효과적으로 교환할 수 있게 하는 것은 책임자가 결코 소홀히 할 수 없는 일이다. 그렇기 때문에 그는 의사소통을 원활히 하는 데 많은 시간과 노력을 쏟아야 한다.

과학 기술자는 조직체 밖의 다양한 사람들과도 접촉하게 된다. 예컨대 미국 항공우주국의 연구 책임자는 연구에 필요한 기금이나 보조금을 지원받기 위해 종종 의회 연설에 나선다. 정부나 산업체의 관계자, 투자자, 고객 앞에서 자신의 연구 결과를 설명하고 그것이 정

의사소통 능력의 중요도와 성취도 사이의 불균형

연세대학교 공과대학이 '공학 교육 학생 평가단'을 발족시키면서 펴낸 자료집에 따르면, 기업들은 13개의 공학 교육 학습 지표 가운데 '효과적인 의사소통 능력'을 두 번째 중요한 항목으로 꼽았다(그림 1. 1의 8 참조). 이 설문 조사

● 학습 성과의 중요도와 성취도 관계

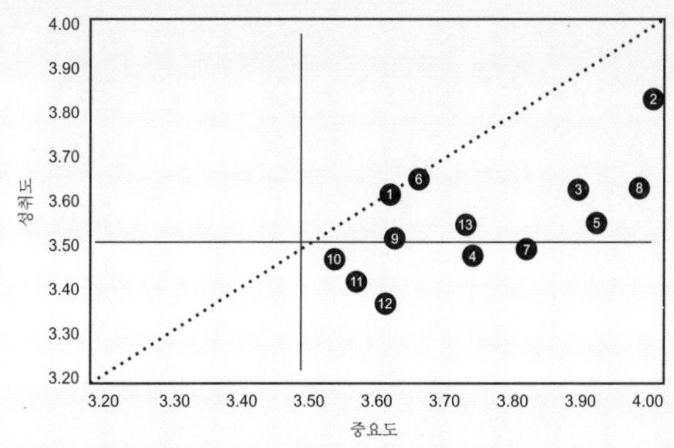

● 조사 대상: 기업체 인사 273명

● 조사 항목

1. 수학 · 기초 과학 · 공학 이론 응용 능력
2. 자료 이해 · 분석 능력
3. 실험 계획, 수행 능력
4. 필요 조건에 맞는 설계 능력
5. 복합 학제적 팀에서 역할 수행
6. 공학 문제 공식화 및 해결 능력
7. 직업적 · 도덕적 책임 의식
8. 효과적 의사소통 능력
9. 거시적 관점에서 공학 이해 능력
10. 평생 교육 필요성 인식
11. 시사적 논점에 대한 기본 지식
12. 세계 문화 이해 및 국제적 협동 능력
13. 최신 공학 도구 사용 능력

그림 **1. 1** 학습 성과의 중요도와 성취도의 관계. 기업체 인사 273명을 대상으로 설문 조사를 실시한 결과 학생들의 의사소통 능력 성취도가 그 중요도에 비해 턱없이 모자라다는 것이 밝혀졌다. 효과적인 의사소통 능력의 경우 두 번째로 높은 중요도를 갖는 것으로 평가된 반면 그 성취도는 평균적인 수준에 그쳤다.

결과가 보여 주는 간과할 수 없는 사실은 공과대학 졸업생들이 보인 의사소통 능력의 성취도가 그 중요도에 비해 낮은 상태에 있다는 점이다. 이것은 학생들의 의사소통 능력을 향상시키는 일이 현재 공학 교육의 주요 과제가 되어야 함을 가리킨다.

미국 국립 공학 아카데미(NAE)의 연구 보고서는 의사소통 능력을 분석력, 창의력, 경영적 태도, 리더십, 윤리 의식 및 전문가 의식, 진취적이고 융통성 있는 태도, 평생 학습 의지와 아울러 미래의 과학 기술자들이 반드시 갖추어야 할 요소로 꼽고 있다. 실험을 잘 수행하고 자료를 잘 분석하고, 또 시스템을 잘 설계했다 하더라도 그것을 다른 사람들에게 효과적으로 설명하고 이해시키지 못한다면 연구 결과는 사장될 수 있다. 예비 과학 기술자인 이공계 대학생들은 효과적인 의사소통 능력을 계발하는 데 각별히 주의해야 한다.

MIT의 CR 프로그램

전문 엔지니어와 연구자, 기업의 최고 경영자, 창업자, 고위 행정 관리 등의 양성을 목표로 하는 미국의 매사추세츠 공과대학(MIT)은 2001년부터 전교생을 대상으로 CR(Communication Requirement) 프로그램을 운영하고 있다. 여기서 'communication' 능력이란 단순히 글을 잘 쓰고 말을 잘하는 능력이 아니라 글과 말을 통한 표현, 전달, 문제 해결, 사고 능력 전반을 뜻한다. MIT에 입학한 학생들은 학부 과정을 졸업할 때까지 CR 프로그램과 연계된 교양 과목 2개, 전공 과목 4개를 의무적으로 수강해야 한다. MIT의 CR 프로그램은 최근 과학 및 공학 교육에서 의사소통 교육의 비중이 점점 커지고 있음을 보여 주는 한 예이다.

책에 수용되거나 생산 공정에 적용될 수 있도록 설득하는 일 또한 과학 기술자의 임무인 것이다. 과학 기술자는 국가 과학 기술 정책의 기획과 실행을 위한 위원회에 참여하기도 하고 직접 행정 부서의 관료로 활동하기도 한다. 과학 기술자가 비정부 기구와 사회 단체 등에서 활약하는 것도 더 이상 특별한 일이 아니다. 물론 그는 언론 매체나 저술을 통해 일반인들을 대상으로 과학 기술과 과학 문화를 대중화하는 데 일조하기도 한다. 사회와 소통할 수 있는 능력은 과학 기술자에게 점점 더 필수적인 것이 되어 가고 있다.

3. 과학 기술 활동과 글쓰기

과학 기술자는 글쓰기가 자신의 작업의 일부라는 사실을 받아들여야 한다. 이공계 학생들은 평소 글쓰기의 필요성이나 중요성을 크게 느끼지 않는다. 그래서 이공계의 어떤 신입생들은 자신들이 '글쓰기' 과목을 반드시 이수해야 한다는 사실에 의아해 한다. 글쓰기에 관심과 흥미를 갖지 못하는 만큼 이공계 학생들 가운데에는 글쓰기에 자신감을 갖지 못한 학생들도 흔하다. 그렇지만 글쓰기는 과학 기술 분야의 학업과 직업 생활에서 매우 중요한 부분을 차지하고 있다.

우선 과학 기술자는 기억, 관찰, 사유와 계획, 추리와 결정 단계에서 글쓰기의 도움을 받는다. 글쓰기는 과학 기술자 개개인이 더 잘 관찰하고 기억하는 데 도움을 준다. 또 글을 쓴다는 것은 뒤엉킨 생각을 질서 있게 정리하고 체계화하는 일이기 때문에, 글쓰기는 계획을 수립하거나 사고를 발전시키는 과정, 연구 결과를 추리하거나 중요한 결정을 내리는 과정에 도움이 된다. 따라서 글을 쓰는 능력은 과학 기술자의 연구 및 개발 능력과 직결된다.

나아가 글쓰기 능력은 연구·개발의 결과를 공표해야 하는 과학 기술자에게 필수적인 것이다. 과학 기술의 발전은 한 연구의 끝이 다른 연구의 출발점이 되는 지속적인 과정이다. 과학 기술자는 자신이 발견한 중요한 사실과 유용한 정보를 명확하게, 완전하게 그리고 논리적으로 전달해야 한다. 연구 결과를 공표함으로써 과학 기술의 지식과 방법이 공유되고 평가되고 이전되며, 이것을 통해 과학 기술은 발전하는 것이다. 과학 기술의 정보와 지식을 기록한 문헌은 과학 기술의 역사 그 자체이다.

과학 기술이 세계를 만들어 가는 중요한 요소인 만큼 과학 기술의 발전에 따른 혜택이나 피해를 함께 나눌 사람들과 상의하는 일은 필수적 절차이다. 과학 기술자는 동료들은 물론 정부 관료와 산업체 종사자 그리고 이해 당사자인 여러 사람들에게 연구의 내용과 목적, 그리고 사회적 파급 효과를 쉽고 분명하게 알릴 책임이 있다. 따라서 과학 기술자는 과학적 내용을 '정확하게, 명쾌하게, 간결하게' 전달하는 글쓰기 능력을 갖춰야 한다.

과학 기술자는 연구 과정에 필요한 사적 메모, 관찰 기록, 아이디어 기록 같은 개인적인 글에서 이력서, 자기 소개서, 공적 서신, 연구 계획서, 실험 보고서, 논문 같은 소통을 위한 글에 이르기까지 다양한 종류의 글을 쓴다.

1) 개인적인 글

먼저, 개인적인 글은 다른 사람에게 보여 줄 필요 없이 본인의 필요에 따라 쓰는 글이다. 이런 개인적인 글을 쓸 때에는 굳이 단어, 용어, 문법, 문서의 형식 또는 양식에 구애받지 않아도 된다. 개인적인 글에는 다음과 같은 것들이 있다.

▶ **기억을 돕는 글쓰기** 강의 노트, 회의 내용 기록, 색인 카드와 서지 사항, 사례 기록, 일지, 기타 메모 등이 있다.

▶ **관찰을 돕는 글쓰기** 실험실과 현장에서 얻은 각종 기록, 데이터 노트 등이 있다.

▶ **사고와 계획을 돕는 글쓰기** 할 일의 목록, 문서나 구두 발표를 위한 주제의 개요, 작업의 진행 상황 기록, 그때그때 떠오른 아이디어들의 기록 등이 있다.

2) 공적인 글

공적인 글은 개인적인 글과는 달리 기본적으로 다른 사람에게 보여 줄 목적에서 쓰는 글이다. 과학 기술자라면 같은 분야의 전문가, 다른 분야의 전문가, 그리고 비전문가인 일반인과 의사소통을 해야 하는데, 이때 쓰는 게 공적인 글이다. 공적인 글을 쓸 때에는 개인적인 글을 쓸 때와 달리, 쓰려고 하는 문서의 목적을 정확하게 이해하고 용어의 선택과 단어의 활용, 문서의 형식과 양식 등을 그 목적에 맞출 수 있어야 한다.

▶ **보고를 위한 글** 실험이나 조사 또는 업무 결과를 정리한 문서로 실험 보고서, 조사 보고서, 업무 경과 및 결과 보고서 등이 있다.

실험실 생활과 과학자의 글쓰기

브루노 라투어와 스티브 울가는 『실험실 생활: 과학적 사실의 사회적 구성』에서 과학자들의 실천 가운데에서 그때까지 소홀히 취급되었던 '글쓰기' 활동에 주목했다.

라투어와 울가는 솔크 연구소(Salk Institute)라는 미국의 유명한 분자생물학 연구소에서 일하는 과학자들의 실험실 생활을 관찰했는데, 그 결과 글쓰기가 과학자들의 활동에서 매우 중요한 부분을 차지하고 있다는 점을 발견했다. 라투어와 울가에 따르면 분자생물학자들은 끊임없이 자신들이 읽은 논문을 요약하고, 자신들의 아이디어를 메모하고, 데이터를 기록하며, 논문을 쓰거나 고친다. 그 과정을 통해 분자생물학자들은 엄청난 양의 문서를 생산한다.

라투어는 뒤에 그의 저서 『작동 중인 과학』에서 과학자들이 써낸 '문서'가 곧 그들이 힘을 쟁취하고 유지하는 수단임을 지적했다. 사람의 두뇌 속에 들어 있는 지식은 그 자체로는 움직일 수 없는 것이지만 그것이 기록된 문서는 현장에서 실험실로, 이 실험실에서 저 실험실로, 또 실험실에서 정치가나 관료의 책상 위로 옮겨 다닐 수 있다. 과학자들은 글을 쓰고 공표함으로써 새로운 지지자와 동맹자를 얻고 자신의 활동 영역을 넓히는 기회를 얻는다.

▶ **논문** 학위를 인정받기 위한 학위 논문과 연구 성과를 전문가 집단에서 인정받기 위한 연구 논문 등이 있다.

▶ **제안 및 지원을 위한 글** 자신이 가지고 있는 기획안을 연구비를 지

원하는 단체 등에 제출할 때 쓰는 제안서, 계획서, 신청서 등이 있다.

▶ **지시 및 설명을 위한 글**　업무를 지시하거나 자신이 설계한 물건을 설명하거나 어떤 제품의 사용 방법을 설명하는 지시서, 설계 명세서, 사용 설명서 등이 있다.

▶ **용건 전달을 위한 글**　용건을 전달하는 데에는 공식적·비공식적 서신, 메모 등이 쓰인다.

▶ **취업을 위한 글**　취업할 때에는 입사 동기 등을 밝히는 지원서, 자신이 어떤 사람인지 알리는 자기 소개서, 이력서 등이 필요하다.

▶ **기타**　과학 기술자나 전문 과학 저술가들이 신문, 출판 같은 매체를 통해 발표하는 칼럼, 저서 등이 있다.

4. 탐구와 도전, 상상의 언어

과학자들의 저술은 세계와 자연에 대한 새로운 이미지를 제시해 왔다. 예컨대 갈릴레오 갈릴레이는 망원경을 이용하여 하늘을 관찰한 결과를 1610년 3월에 『별들의 소식(*Sidereus Nuncius*)』이라는 제목의 작은 책으로 발표했다. 하늘에 무수히 많은 별들이 있으며, 달의 표면은 아주 울퉁불퉁하고, 목성의 주위를 4개의 위성이 돌고 있다는 사실 등을 간결하게 기술한 이 책은 1주일 만에 초판본 550부가 모두 팔려 나갔다. 당시 베니스 주재 영국 외교관이었던 헨리 워튼은

셀리스베리 백작에게 책을 보내면서 갈릴레오의 발견을 "지금까지 어디서도 들어 보지 못한 이상한 소식"이라고 소개했다. 이외에도 『일 사지아토레(*Il Saggiatore*)』, 『프톨레마이오스와 코페르니쿠스, 두 가지 주요한 우주 체계에 관한 대화』 등 갈릴레오의 책은 그때까지 절대적인 권위를 행사해 온 아리스토텔레스적 천문학을 뒤엎었다.

과학자들이 제시한, 세계와 자연에 대한 새로운 이미지는 과학 이외의 분야에서도 상상력을 자극하고 창의성을 북돋웠다. 갈릴레오의 책은 수학자나 천문학자뿐만 아니라 정치가, 성직자, 철학자를 포함한 유럽의 지식인 사회 전체에 큰 충격을 주었다. 아이작 뉴턴이 『프린키피아』에서 사용한 개념들은 동료 과학자뿐만 아니라 철학자들에게까지 자극과 영감을 주었다. 프랑스의 대표적인 계몽철학자 볼테르는 뉴턴 과학이 보여 준 이성의 힘을 확산시켜 사회를 개혁할 수 있다고 생각했다. 찰스 다윈의 『종의 기원』에서 시작된 '자연 선택'과 '진화'의 개념은 19세기 이후 생물학은 물론 사회학과 역사학 등 인간 사회의 구조와 변화 과정을 연구하는 학문 전반에 큰 영향을 끼쳤다. 알베르트 아인슈타인의 '상대성 이론'은 20세기를 대표하는 시대정신이 되었다. 철학자들은 시공간의 상대성 개념을 인식의 상대성과 연결하여 심화시켰으며, 입체파 화가들은 상대성 이론을 자기 화풍의 근거로 삼았다. 또 제임스 조이스, 윌리엄 폴크너, 버지니아 울프는 이 새로운 이론을 응용하여 실험적 소설을 창작했다. 역사에 흔적을 남긴 위대한 과학자들의 글은 과학의 영역을 뛰어넘어 사회 전체의 지적 호기심을 자극하고 변화를 이끌어 왔다.

과학자들 또한 글을 쓰면서 실험이나 분석에서는 맛볼 수 없는 또 다른 창조적 즐거움과 성취감을 얻었다. 5년에 걸친 긴 항해를 마치고 돌아온 다윈이 맨 먼저 쓴 책은 『비글호 항해기』였다. 이 책은 지금까지도 호평을 받고 있는 여행기 가운데 하나이다. 다윈은 자신이 글을 쓸 수 있다는 것, 그것도 잘 쓴다는 것을 자랑스럽게 생각했다고 한다. 그는 친구에게 보낸 편지에서 "내가 여든 살까지 산다고 해도, 내 자신이 작가임을 느꼈을 때의 경이로움에서 벗어나지 못할 것입니다."라고 썼다.

더욱 중요한 것은 다윈이 글쓰기를 자신의 의무로 의식하고 있었다는 점이다. 다윈은 스스로를 관찰자이자 실험가인 동시에 저술가라고 생각했다. 그는 "관찰만 할 뿐 쓰지 않아도 된다면 과학자로 사는 것도 행복할 것"이라고 말했는데, 이것은 글쓰기에 대한 거부감을 드러낸 말이 아니다. 그는 글을 쓰는 일을 과학자의 의무로 받아들였다. 그의 대표작인 『종의 기원』은 간행된 첫날에 1,250권이 서점 주인들에 의해 순식간에 팔려 나갔다고 한다. 『종의 기원』은 이른바 베스트셀러였던 셈인데, 이러한 놀라운 성공은 다윈이 관찰과 실험 못지않게 설득을 위해서도 열심히 노력했다는 것을 가리킨다.

사실 근대 과학은 일상 언어에서 독립한 새로운 언어를 개척해 왔다. 서구에서는 17세기의 과학 혁명을 거치면서 새로운 종류의 학자이자 지식인으로 과학자가 출현했으며, 여러 종류의 과학 학회가 만들어졌다. 이제 과학자들은 실험과 관찰의 결과를 학회에 보고해야만 자신들의 업적과 우선권을 공적으로 인정받게 되었다. 따라서 관찰의 내용과 실험의 과정을 낱낱이 기록해서 보고하는 새로운 글쓰기 양식이 형성되고 점점 더 정교해져 갔다. 프랜시스 베이컨이 『신기관』에서 지적한 대로, 과학 연구를 촉진하고 그 결과를 정확히 전달하기 위해서는 정밀하고 엄격한 언어와 글쓰기가 필요했다. 과학이 발전해 온 과정은 과학자들이 자신들만의 '특수 언어'를 발명해 온 과정이었다고 할 수 있다.

한편 일반인들을 대상으로 과학의 경이와 기쁨을 표현하거나 과학의 원리를 해설한 책들도 과학의 발전을 촉진했다. 예컨대 DNA의 이중 나선 구조를 밝혀내는 데 공헌한 사람들의 도전과 욕망을 그린 제임스 왓슨의 『이중 나선』은 과학자들뿐만 아니라 과학에 관심이 있는 일반인들과 학생들의 애독서가 되었다. 이 책을 읽고 생물학자의 길을 택한 학생이 적지 않았다. 더욱 흥미로운 것은 왓슨의 인생에도 한 권의 책이 결정적인 영향을 주었다는 사실이다. 시카고 대학교 학부생으로 미래를 아직 결정하지 못하고 있던 1946년 봄에 왓슨은, 파동역학의 발견으로 노벨상을 탄 에어빈 슈뢰딩거의 『생명이란 무엇인가?』를 읽었다. 이 책을 읽고 왓슨은 조류 연구에서 "유전자의 비밀을 찾아내는 쪽으로" 기울게 되었다고 한다. 그래서 『생명이란 무엇인가?』는 분자생물학이라는 거대한 연구 분야의 미래를 연 책으로도 유명하다.

그뿐만 아니라 과학자들은 일반인을 위한 과학 출판을 통해 단순히 한 분야의 전문가가 아니라 세계적 지성으로도 주목을 받게 되었다. 미국의 해양생물학자 레이첼 카슨이 쓴 『침묵의 봄』은 환경 운동의 기폭제 역할을 했다. 칼 세이건의 『코스모스』, 리처드 도킨스의 『이기적 유전자』, 스티븐 호킹의 『시간의 역사』 등도 과학 지식의 대중화에 많은 기여를 했다. 이러한 다양한 저술을 통해 과학자들은 과학에 관심이 있는 대중의 지적 욕구를 채워 주면서 자신들의 지적 입지를 넓히고 과학 기술 활동에 대한 시민 사회의 이해와 지원을 이끌어 냈다.

영향력 있는 과학자란 곧 능숙한 글쓰기 능력을 지니고 있는 사람이다. 우주를 탐구하고 자연을 조사하고 인간을 연구하는 과학자는 예술가와 비슷한 작업을 한다. 과학자는 기존 지식을 시험하고자 하는 욕구, 미지의 영역을 탐험하는 전율, 새로운 질서를 발견하려는 희망을 예술가와 공유한다. 오늘도 과학자들은 탐구하고 도전하며 미래 세계의 전망을 제시하는 새로운 언어를 개척하고 있다.

연습 문제

1. 최근 한 달 동안 어떤 주제로 어떤 글을 몇 번, 얼마만큼 썼는지 빠짐 없이 적어 보라.

2. 과학 기술의 사회적 파급 효과를 둘러싸고 과학 기술자들이 시민 사회나 다른 전문가 집단과 갈등을 빚는 일이 적지 않다. 중요한 사례를 하나 선택하고, 논쟁의 진행 과정에서 과학 기술자들이 시민 사회나 다른 분야 전문가들을 이해시키고 설득하기 위해 어떤 일을 했는지 조사해 보라.

3. 최근 한국에서도 대중을 위한 과학 출판 분야가 크게 발전하고 있다. 학생이나 일반인에게 과학의 지식과 즐거움을 효과적으로 전달한 한국 과학자의 글이나 책을 읽고 글쓰기의 특징을 분석해 보라.

2장 협력 활동과 글쓰기

대화의 목표는 다른 사람의 의견을
무너뜨리는 것이 아니라 자신의 의견을
보완하고 발전시키는 것이다.
● 불워 리턴

1. 협력의 기술

달 착륙과 원자 폭탄 계획을 능가하는 사상 최대의 프로젝트로 알려진 인간 유전체 계획(Human Genome Project)은 어떻게 진행되었을까? 인간 유전체 계획은 1980년대 후반 미국 국립 보건원(NIH)의 주도로 시작된 국제적인 연구 컨소시엄이었다. 이 프로젝트에는 미국, 영국, 일본, 프랑스, 독일, 그리고 중국 6개국의 16개 연구소 350개의 실험실이 참여했다. 다국적 연구단은 염색체들을 분담하여 분석·해독했다. 동시에 그들은 분석·해독한 결과를 공유하기 위한 방안도 마련했다. 과학자들은 대서양에 있는 버뮤다 섬에 모여 "정리된 유전자 데이터는 24시간 안에 공개한다."라는 유전자 정보 공유안에 동의한 것이다. 이것이 바로 유명한 '버뮤다 원칙'이다. 2001년 이 다국적 연구단은 처음 예상보다 10여 년 빨리 인간 유전체 해독에 성공했다고 발표했다. 이것은 국제적 협력 연구와 정보 공유의 커다란 성과였다.

팀 프로젝트가 일상화된 현대 과학 기술 활동에서 협력과 의사소통의 기술은 필수적이다. 팀 프로젝트에서 구성원 간의 원활한 협력과 의사소통은 그 성과를 결정하는 매우 중요한 요소이다. 또 팀 프로젝트의 참여자들은 다른 팀이나 관련 부서, 그리고 외부의 전문가와도 지속적으로 대화해야 한다. 이들이 기술과 관리를 비롯한 다양한 문제들에 대해 피드백해 줄 수 있기 때문이다. 따라서 산업체와 연구소에서는 문제 해결 능력과 아울러 의사소통을 효과적으로 하는 능력을 갖추고 있으며 복합 학제적 팀에서도 여러 분야를 능동적으로 이어 줄 역량이 있는 인재를 원한다.

학생들은 협동 학습을 통해 팀 활동의 경험을 쌓고 협력의 기술을 습득할 수 있다. 협동 학습이 진행되는 과목에서 팀에 참여하게 된 학생들은 서로 다르면서도 긴밀히 연관된 다양한 역할을 맡게 된다. 실험을 예로 들어 보자. 하나의 실험 팀은 ① 실험을 설계하는 사람(실험의 실행 횟수, 실험 환경 그리고 수집해야 할 데이터를 조정한다.) ② 기기를 관리하고 안정성을 책임지는 사람(기기를 작동시키며 눈금 등의 결과를 확인하며 데이터를 기록한다.) ③ 데이터를 분석하고 통계를 내는 사람(데이터를 분석하고 통계 결과를 산출한다.) ④ 기록하는 사람(중간·결과 보고서를 준비하고 조정한다.) ⑤ 이론을 담당하는 사람(기존의 이론과 관련 분야의 자료를 고려하여 결과에 대한 해석을 조정한다.) 등으로 구성될 것이다.

이렇게 여러 역할을 맡은 사람들이 협력하여 작업을 할 때에는 일정한 행동 지침을 따를 필요가 있다. 다음의 다섯 가지 지침은 '협력의 기술'을 증진시키는 데 큰 도움을 줄 것이다.

▶ **긍정적으로 상호 의존하라.** 팀 구성원들은 목표를 달성하기 위해 서로 의존해야 한다. 구성원들은 자신의 작업이 다른 사람에게 도움을 주고 마찬가지로 다른 구성원들의 작업이 자신에게 도움을 준다는 것, 즉 서로가 서로의 성공에 영향을 준다는 것을 이해해야 한다. 함

께 과제를 해결해 가는 과정에서 구성원들은 서로 긍정적이고 원활한 도움을 주고받을 수 있도록 함께 조정하는 방법과 자세를 배워야 한다.

▶ **개인의 책임을 다하라.** 구성원은 모두 자기 몫을 다하고 배운 것에 대해 숙지해야 한다. 각각의 분야에서 개인의 성취는 팀 전체에 영향을 끼치기 때문에 이른바 '무임 승차자'는 원활한 팀 활동에 장애 요인이 된다. 팀 활동에서는 누구나 한 사람의 구성원으로서 자신의 책무와 역할을 다해야 한다.

▶ **서로에게 영향을 주어라.** 작업이 분담되어 개별적으로 수행된다고 하더라도 구성원들은 서로에게 피드백해 주고 상대의 결론에 대해 도전하고 의문을 제기해야 한다. 가장 중요한 것은 서로서로 가르치고 격려해야 한다는 점이다.

▶ **집단적으로 계획하고 평가하라.** 팀 활동에는 집단적으로 계획을 점검하고 반성하는 정기적인 토의가 꼭 필요하다. 토의를 통해 팀이 무엇을 하고 있는지를 스스로 검토하고 평가해야 하는 것이다. 그럼으로써 무엇을 수정하고 무엇을 유지할 것인지 결정할 수 있다. 구성원들은 이 과정에서 토의와 의사 결정 기술을 증진시켜야 한다.

▶ **적극적으로 관계를 맺어라.** 팀이 목표를 달성하기 위해서는 구성원 간의 상호 신뢰가 필수적이다. 팀 구성원들은 활기차고 긍정적이며 포용하는 태도로 상대방을 믿고 함께하는 방법을 배워야 한다. 팀 활동을 할 때 종종 일어나는 갈등과 불화를 해결하는 방법을 배운다면 그것은 매우 중요한 경험이 될 것이다.

학제간 협력과 원거리 협력

공학 교육 분야에서는 학제간 협력이 많이 시도되고 있다. 예컨대 '메카트로닉스(mechatronics)'는 기계공학, 전자공학, 컴퓨터인지과학을 결합한 과목이다. 이 수업에서는 기계공학을 전공한 학생들과 전자공학을 전공한 학생들이 학제간 팀을 구성해 실험과 과제를 수행하고 그 결과에 대해 함께 토의한다. 특히 학생들은 자기 전공 분야를 동료들에게 가르친다. 전자공학과 학생은 기계공학과 학생에게 소형 전자식 제어기(micro-controller)를 가르치고, 기계공학과 학생은 전자공학과 학생에게 기계 구조(mechanism)를 가르친다. 이 과정을 통해 학생들은 학제간 팀에서 협력하는 방법을 배우고 실천한다. 학제간 협력은 학생들이 다른 전공과의 관계를 이해하고 전공 이외의 문제와 맞붙을 기회를 제공하며 혁신적인 해답을 개발하는 능력을 키워 준다.

네덜란드의 대학과 미국의 대학에서 5명의 교수가 공동으로 'Engineering Design Problem Formulation' 이라는 과목을 가르쳐 본 적이 있다. 교수들은 두 나라 학생들을 섞어 팀을 만들어 원거리 협력을 실험했다. 한 대학의 교수가 강의를 디지털 비디오카메라와 파워포인트 슬라이드로 제작하여 다른 대학의 강의실로 보냈다. 학생들은 국제적인 소그룹을 만들고 다양한 도구들, 즉 화상 회의, 전화, 전자 우편, 메신저 프로그램을 사용하여 의사소통했다. 수업에서 만들어진 기록들을 모아 조직하고 공유하기 위해 대학 연구소에서 개발한 'web-accessible document management system' 도 실험적으로 사용했다. 이 과정에서 학생들은 서로 다른 장소에서 다른 문화적 배경을 가진 사람들과 함께 작업하는 방법을 배웠다.

협력의 기술을 실행하고 발전시키는 데 언어적 상호 작용은 특히 중요한 위치를 차지한다. 협력에서 상호 작용은 대부분 언어를 통해 이루어진다. 구성원들은 글과 말을 통해 관련 정보를 교환하며 그것을 더욱 정교하게 만들어 간다. 또 동료의 문제 해결 과정에 대해 피드백한다. 문서 또는 구두 발표를 요구하는 과제일 경우, 팀은 개요를 짜고 초고를 쓴 다음, 최종 문서를 제출할 때까지, 그리고 발표 연습에서 실제 발표까지 이 모든 과정에서 글쓰기, 대화, 토론, 발표 등 의사소통 기술을 발전시켜야 한다.

2. 협력적 글쓰기

1) 협력의 방법

협력하여 일을 할 때에는 과제의 성격, 구성원의 능력과 특성, 그리고 작업의 단계 등을 고려하여 알맞은 방법을 선택해야 한다. 협력하여 작업을 하거나 글을 쓰는 방법으로는 크게 다음 네 가지가 있다.

▶ **나누어 작업하기** 구성원들이 서로 다른 배경과 능력을 가지고 있을 때에는 나누어 작업하기가 효과적이다. 예를 들어 한 지역의 공간과 문화의 관계를 연구하기 위해 건축공학과 학생들과 사회학과 학생들이 공동 작업을 할 경우, 각 학과의 특성에 맞게 역할을 분담하는 것이 좋다. 같은 학과 학생들로 구성된 팀이라도 자료를 잘 수집하는 사람, 도표를 잘 분석하는 사람, 글을 잘 쓰는 사람 등으로 일을 나눌 수 있다. 구성원 각자의 역량을 최대한 발휘하도록 하는 것이 이 방

식을 선택하는 이유이자 목표이다.

과제를 분담하여 추진할 때에는 능력이 뛰어난 운영자가 꼭 필요하다. 운영자는 각각의 구성원들이 서로 어떤 임무를 맡았는지를 확실하게 알도록 해 주어야 한다. 이것을 위해 분담 내용을 정확하고 자세하게 기록한 문서를 구성원들에게 제시할 필요가 있다. 작업의 경계를 분명히 하지 않으면 진행 과정에서 커다란 시행착오를 겪을 수 있으므로 집단적 노력을 원활하게 조정하는 운영 기술이 요구된다.

이 방법의 단점은 각 구성원이 조사, 분석, 초안 작성, 교정의 과정을 독립적으로 수행하거나 글을 여러 부분으로 나누어 쓸 때 드러날 수 있다. 특히 구성원들 간에 충분한 조율 없이 작업이 진행된 경우에는 글이 일관성을 얻기 어렵다. 글의 각 부분이 비교적 독립성을 가질 때에는 문제가 적을 수도 있다. 그러나 그런 경우에도 누군가가 나서서 각 부분이 서로 연관성을 갖도록 조정해야 한다.

▶ **함께 모여 작업하기** 어떤 작업은 처음부터 끝까지 구성원 모두가 한자리에 앉아 수행하게 된다. 이것은 집단의 크기가 작고 구성원 간의 관계가 친밀한 경우에 가장 알맞은 방식이다. 건축공학을 전공하는 학생들끼리 팀을 만들어 많은 시간을 함께하면서 건축 설계도를 완성해 가는 것은 그 대표적인 예이다.

그러나 연구 계획이 아직 막연하거나 정리가 되지 않은 상태에서 구성원들 간의 친밀함은 오히려 역효과를 초래할 수 있다. 흔히 나타나는 바람직하지 못한 현상은 어떤 사람이 나서서 전체를 지배하면서 다른 이들의 생각을 존중하지 않아 일의 진척을 가로막는 것이다.

▶ **돌아가며 작업하기** 예를 들어, 함께 보고서를 작성하는 경우를 살펴보자. 먼저 한 사람이 구성원들이 주장하는 요점을 포함한 개략적

인 초안을 작성한다. 이 초안은 전체적 틀을 갖추기는 했지만 구성원들이 나중에 수정 · 보완 · 재구성하는 것을 전제로 한 불완전한 글이다. 두 번째 사람은 이 초안을 받아 자신이 중요하다고 생각하는 것을 추가하고 수정하여 글을 더욱 발전시킨다. 다시 다음 사람에게 글이 넘겨지고, 순차적으로 같은 절차를 밟으면서 완성본이 만들어진다. 이 과정에서 구성원들은 전체가 합의한 사항을 존중한다는 전제 위에서 수정이 필요한 부분을 고치고 그 부분에 대해 책임을 진다.

그러나 구성원들의 주장이 서로 엇갈려 일관성을 잃는 경우 이런 식의 협동 작업은 전체적으로 조화를 이루지 못하고 그저 상충하는 이견들을 모은 산만한 결과물을 내는 데 그칠 수 있다. 서로 돌아가면서 초안을 수정하는 방식을 선택할 때에는 전체적 맥락이나 최종 목표에 대한 합의가 전제되어야 하고, 다른 사람의 시각을 포용하며 존중하는 태도가 형성되어 있어야 한다.

▶ **혼합식으로 작업하기**　과제의 성격에 따라 혹은 작업의 단계별로 위의 세 가지 방식을 혼용할 수도 있다. 예를 들어, 처음에는 모두 한자리에 모여 회의를 통해 과제에 대한 인식을 공유하고 전체의 윤곽을 잡는다. 그리고 분업 방식을 택해 개별 활동을 하거나 각 부분별로 나누어 소신에 따라 작업을 한다. 물론 작업이 진척되지 않을 경우에는 원래의 계획을 수정하여 공동으로 작업하는 방식으로 되돌아갈 수도 있다. 마지막에는 함께 모여 작업하거나 각자가 돌아가면서 읽는 수정 단계를 거쳐 완성본을 만든다.

2) 협력적 글쓰기의 진행 과정

오늘날 과학 기술 분야의 글쓰기는 간단치 않은 협력 관계를 통해 진행된다. 예를 들어, 정부가 의뢰한 시스템 개선 프로젝트의 관리자로서 새로 개발한 시스템의 설명서를 만들어야 한다면 프로젝트 팀 내의 구성원들뿐만 아니라 다른 부서 및 관련 기관의 여러 사람들과 공동 작업을 해야만 한다. 이 협력 관계를 하나의 그림으로 그려 보면 그림 2. 1과 같다.

협력하여 설명서를 만들고자 할 때, 그림 2. 1에 있는 전체 참여자 가운데 주요 참여자들은 문서의 개요와 양식, 그리고 일정뿐만 아니라 문서의 전달 · 검토 · 수정 방법에 대해서도 합의해야 한다.

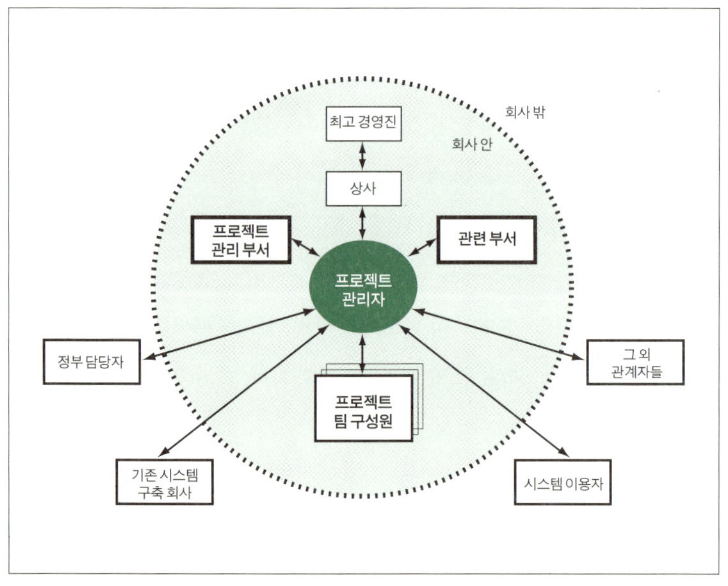

그림 2. 1 신 개발 시스템의 설명서를 공동으로 만들 때 형성해야 할 협력 관계. 프로젝트 관리자는 복잡한 협력 관계를 효율적으로 조직하고 운용하는 방법을 알아야 한다.

▶ **문서의 개요와 양식 작성, 일정 결정하기** 공동으로 문서를 쓸 때에는 우선 작성할 문서의 골격과 요지를 보여 주는 개요를 만들어야 한다. 개요는 참여자들이 글에 대한 관점을 잡고 세부 내용을 구성할 때 도움을 준다. 또 참여자들에게 일을 분담시킬 때에도 개요는 쓸모가 많다. 문서의 양식은 표준 양식을 이용하거나 새로운 문서 양식을 고안할 수도 있는데, 어느 경우이든 그 양식을 참여자들에게 공지하고 참여자들의 합의를 이끌어낼 필요가 있다. 가장 간단한 방법은 이미 있는 표준적인 문서 양식을 사용하는 것이다.

일정의 협의도 필수적이다. 특히 중간 검토 일자를 정하고 마감 날짜를 확정함으로써 불성실한 글쓴이나 검토자로 인해 문서 작성이 지연되는 일을 막아야 한다. 경우에 따라서는 자료 수집 일정표도 만드는 것이 좋다. 그러기 위해서는 이미 검토한 자료와 추후 검토할 자료의 목록을 작성해야 하며, 자료들의 적절성을 평가하는 회의를 할 필요가 있다. 일정표를 만들어 계획과 실적을 시각화하는 방법을 사용하면 참여자들이 문서 작성에 더 충실히 임하게 될 것이다.

▶ **문서의 전달·검토 및 수정하기** 참여자들은 보통 처음 작성한 문서에 주석을 달고 수정을 행하는 식으로 공동 작업을 한다. 이때 운영자는 문서의 전달·검토 절차를 조정하고 모든 사람이 진행 과정을 알 수 있도록 해야 한다. 또 각각의 참여자로 하여금 누가 문서의 어느 부분을 검토할 것인지도 알게 해야 한다. 초고 글쓴이와 검토자가 문서를 수정하는 데에서 동등한 책임을 진다는 사실 또한 주지시켜야 할 사항이다. 회의나 인쇄물을 통해서도 문서를 전달·검토·수정할 수 있지만, 보통 전자 우편이 더 많이 이용된다. 전자 우편을 잘 이용하면 시간과 비용을 아낄 수 있다.

3. 협력 기구로서의 회의

1) 회의가 정말 필요한가?

팀 프로젝트에서 구성원들이 하는 역할은 축구 경기에 비유해 볼 수 있다. 연구 책임자는 선수들을 이끌며 전술을 구사하는 감독이고, 실험과 관찰을 진행하는 연구자는 공격수이며, 이론적인 기반을 제공해 연구를 추진하는 이론가는 적절히 공을 배급하여 득점 기회를 만드는 미드필더일 것이다. 연구의 결과를 검토·평가·측정함으로써 오차와 실수를 예방하는 역할은 수비수와 골키퍼에 해당한다. 감독과 축구 선수들이 틈틈이 작전을 논의하듯 팀 프로젝트를 수행하는 연구자들 역시 기술과 관리 문제를 해결하고 각각의 성과를 원활하게 피드백하기 위해 정기적이거나 부정기적으로 회의를 해야 한다. 회의는 참여자들이 의사소통을 하는 협력의 기구이다.

연구를 시작했을 때, 회의는 계획을 토론할 수 있는 장이 된다. 전략적인 계획 수립을 통해 진행 과정에서 발생할 수 있는 문제를 최소화하는 것이 이 시점에서 갖는 회의의 목표이다. 우선 연구를 수행하는 방식이라든가 연구 결과를 논증하는 방식이 검토될 것이며, 논거를 마련하기 위해 찾아야 할 자료들을 협의하여 결정해야 한다. 누가 연구 결과 보고서를 읽을 것이며, 그들이 무엇을 중요하게 생각할 것인가, 또 연구 결과가 어떤 용도에 쓰일 것인가도 논의해야 한다. 구체적 일정을 잡고 그 안에서 역할을 나누는 것도 합의해야 할 사항이다. 물론 연구가 진행되어 구성원들이 과제를 더 깊이 이해하게 되면서 계획은 다소 수정될 수 있다. 그러나 그렇더라도 처음부터 구성원들이 명확한 목표를 공유하도록 해야 한다.

연구가 진행되는 과정에서 회의는 참여자들의 책임감을 일깨우고

인문학과 과학 기술의 생산적인 협력을 위한 지침

미국의 젊은 학자 피비 센거즈는 인공 지능 연구에서 인문학적 지식과 정보 기술을 잘 결합시킨 학위 논문으로 《링구아 프랑카》에 의해 '첨단 기술 시대의 부상하는 학자 20명'에 뽑혔다. 센거즈가 인문학과 과학 기술의 성공적인 협동 연구를 위해 제시한 여덟 가지 지침은 아래와 같다.

1. 상대를 모욕하지 말 것.

2. 자신의 비판이 상대의 연구에도 도움이 된다는 것을 설득시키는 목표를 설정할 것.

3. 모호한 용어를 사용하지 말 것.

4. 자신의 분야와 지식에 대해 너무 소극적이거나 방어적이 되지 말 것,

5. 형이상학적인 세계관이 아닌 구체적인 것을 놓고 몰두할 것.

6. 지식의 정치적 결과보다 논증의 엄밀성에 대해 논할 것.

7. 자신의 분야에서만 통용되는 방식으로 이야기하지 말 것.

8. 좋지 않은 이야기를 들었을 때 웃으면서 무시할 수 있을 정도의 여유를 가질 것.

합의를 재확인하며, 지식과 정보를 교환하고, 문서를 검토하는 장을 제공한다. 이미 어느 정도 작성된 문서가 전면적으로 수정되어야 한다면 이것은 불행한 일이다. 이러한 문제가 발생하지 않도록 참여자들은 사전에 회의를 통해서 상이한 의견들을 검토하고 해결책을 찾

아야 한다.

2) 효과적인 회의 진행을 위한 매뉴얼

▶ **회의 알리기** 회의를 열기 위해서는 참석자들에게 회의 시각, 장소, 의제를 알리고 동의를 얻어야 한다. 또 회의에 소요되는 시간도 알려 주는 것이 좋다. 요즘은 보통 전자 우편을 통해 알리지만, 만일 회의가 큰 규모이고 공식적이라면 알림장을 보내야 한다.

회의에서 다루는 의제는 협동 작업의 가이드라인이 되는 것이기도 하다. 의제는 보통 결정을 해야 할 의제와 결정을 요구하지 않는 일반 의제로 나뉜다. 알림장은 참석자들에게 의제들을 공지시키며 그에 대한 생각을 구체화할 시간을 줄 수 있다.

▶ **추진력과 집중 유지하기** 회의 참석자들을 회의에 집중시키고 토론의 진행 방향을 결정하며 결론을 구체화하는 것은 쉽지 않은 일이다. 회의를 주재하는 사회자(또는 의장)는 참석자들이 회의 시간이 아깝다는 느낌이 들지 않게 노력해야 한다. 의제를 분명히 하고 의제별로 적절히 시간을 배정하여 토론의 진행을 원활히 하는 것은 특히 사회자가 힘써야 할 역할이다. 또 참석자들에게 발언 시간이 공평하게 분배되도록 효과적인 시간 제한 방법을 고안할 필요도 있다.

▶ **참여도 높이기** 사회자는 모든 참석자가 회의에 적극적으로 참여하도록 해야 한다. 소극적인 참석자들을 고무하고 지나치게 열정적인 발언자는 억누를 필요도 있다. 소수만이 의견을 개진하고 나머지는 그저 앉아만 있는 상황에서는 좋은 아이디어가 나오지 않는다. 또 사

람들이 서로 교감할 수 없게 된다.

참여도를 높이는 효과적인 방법의 하나는 원탁 회의이다. 이 방법은 모든 참석자들이 각자 의제에 대해 발언하도록 하는 것이다. 또 참석자들이 간단한 발표를 하도록 미리 요청하는 방법도 있다.

▶ **기록 남기기**　주요 의제나 결정을 아무도 기록하지 않는다면 회의 내용에 대한 기억은 금방 희미해질 수 있다. 격식을 갖추지 않아도 되는 회의에서는 참여자들 각자가 자기 노트에 아이디어나 협의 사항 등을 간단히 기록하면 된다. 만일 공식적인 회의라면 사회자는 기록자를 지정해야 한다.

회의록에는 주요 의제에 대한 토의 내용과 결정 사항을 요약해 적는다. 특히 결정 사항은 반드시 기록해야 한다. 회의록은 단순한 요약이 아니므로 단어 선정에 유의해야 할 필요도 있다. 기록자는 회의록을 제출, 회람하여 회의 참석자들의 승인을 얻어야 한다.

회의록 작성 프로그램은 매우 유용할 수 있다. 팀의 구성원들은 현재 진행되고 있는 회의 기록을 같은 장소나 다른 장소에서 읽어 볼 수 있고, 거기에 주석을 달 수도 있다. 또 기록자는 회의록뿐만 아니라 회의에서 발표된 자료나 다른 자료들을 전자 문서에 합쳐, 웹을 통해 다른 사람들과 공유할 수 있다. 회의록의 구체적인 사례를 그림 2. 2에서 살펴볼 수 있다. 결정 사항과 실행 조항을 보라. 그리고 어떤 의제가 결정되지 못하고 다음 회의로 넘겨졌는지도 살펴보라.

▶ **실행 독려하기**　회의에서 가장 어려운 일은 결정하거나 위임한 사항을 구체적인 행동으로 옮기도록 하는 것이다. 합의 사항과 마감 날짜를 상기시키기 위해서 사회자는 회의가 끝나자마자 참석자들에게 회의록 및 실행 조항을 배포할 필요가 있다. 특히 실행 조항은 해당자

한국과학기술문화연구센터(KSTC)
전체 운영 위원회 제30차 회의록

회의 일시: 2005년 12월 1일(목요일) 오후 3:00~4:30

회의 장소: 연세대학교 신공학관 301호

참석자: 강연주, 김형석, 정희정, 이은혁, 신민경, 송재하, 이장원, 박재하 위원

회의록 글쓴이: 김형석 위원

저장 위치: http://kstc.hani.co.kr/center

토의 내용 및 결정 사항

1. 2006년도 사업 세부 과제 확정

　• 첨부 문서(1)

2. 2006년도 사업 예산 확정

　• 첨부 문서(2)

3. 기타 의제

　1) 연구 결과 발표회

　• 발표회의 주제는 2005년도 연구 1팀의 과제인 '과학 기술 문헌의 역사와 특징'으로 결정함.

　• 5월 20일에 연세대학교 신공학관에서 열기로 결정함.

　• 이은혁 위원이 세부 계획을 세우고 다음 회의에서 그 계획을 검토, 결정하기로 함.

　2) 여름 워크숍

　• 워크숍의 주제는 '과학 기술 문화의 대중화 방안'으로 결정함.

　• 7월 20~21일 이틀에 걸쳐 포항공과대학교 무은재기념관에서 열기로

그림 2.2 회의록.

결정함.

- 정희정 위원이 세부 주제를 포함한 계획을 세우고 다음 회의에서 그 계획을 검토, 결정하기로 함.

3) '과학 기술 문화 아카이브' 구축

- 저서, 학위 논문, 연구 논문, 기술 보고서 등의 지적 재산권 문제가 제기됨.

- 신민경 위원은 저작권법 전문가인 서계원 박사에게 과학 기술 문헌들의 지적 재산권 문제 검토를 의뢰하고 그 결과를 다음 회의에서 보고하기로 함. 이 보고를 바탕으로 아카이브에 수용할 수 있는 문헌의 종류 및 수용 시기를 다시 논의하기로 결정함.

4) 다음 회의는 2006년 3월 15일에 열기로 결정함(장소와 시각은 추후 알림).

실행 조항

1. 연구 결과 발표회 세부 계획: 책임자 이은혁 위원은 연구 1팀장 및 구성원들과 협의하여 연구 결과 발표회의 세부 운영 계획을 세우고 계획안을 2006년 3월 10일까지 센터로 보낸다.

2. 여름 워크숍 세부 계획: 책임자 정희정 위원은 '과학 기술 문화의 대중화 방안'의 세부 주제 및 워크숍 관련 계획을 세우고 계획안을 2006년 3월 10일까지 센터로 보낸다.

3. '과학 기술 문화 아카이브'의 지적 재산권 문제 검토: 책임자 신민경 위원은 서계원 박사에게 과학 기술 문헌들의 저작권 문제를 의뢰하고 그 결과보고서를 2006년 3월 10일까지 센터로 보낸다.

* 첨부: 문서(1), (2)

그림 2.2 (계속)

가 일을 책임지고 준비하도록 촉구하는 효과가 있다.

4. 협력 활동도 사람과 사람의 만남이다

앞에서 말했듯 과학 기술 분야의 작업과 글쓰기는 대부분 여러 사람의 협력으로 진행되기 때문에 협력 과정을 어떻게 운영하는가가 성공의 관건이 된다. 구성원들이 과제 자체나 연구의 진행 과정, 분담 내용, 스케줄 등을 잘못 이해하여 연구를 어렵게 하는 경우는 없어야 한다.

모든 집단 작업에는 일정을 관리하고 진행 속도를 점검하며 교착 상태에 빠진 상황을 돌파하는 역할을 할 사람이 필요하다. 이 운영자의 역할은 구성원들이 서로 돌아가면서 맡을 수도 있고 한 사람이 계속 맡을 수도 있다. 구성원들은 서로 폭넓게 의견을 나눌 수 있지만 운영자가 일단 결정을 내리면 그것을 수용하여 과제가 다음 단계로 나아갈 수 있도록 해야 한다.

협력은 계층적인 형태로 진행되기도 한다. 어떤 조직에서는 프로젝트 관리자가 작성된 글의 기술적인 정확도를 검토하고 더 큰 조직의 방침이나 최종 결정권자의 의사에 부합하는 방향으로 내용을 조정하기도 한다. 이때 프로젝트 관리자는 글을 쓴 사람에게 수정을 요구할 수 있다. 협력 활동에서 의견 차이는 흔한 일인데, 계층적인 관계에서는 이것이 잠재적인 충돌 요소가 될 가능성도 있으므로 주의해야 한다.

컴퓨터 기술의 발전으로 협력의 기술은 더욱 증진되고 있다. 새로운 하드웨어나 소프트웨어는 협력 작업을 운영하는 데 도움이 된다.

달력이나 일정 관리 프로그램은 일정의 계획과 관리를 도와주며, 전자 우편이나 메신저, 공동 저작 프로그램 등은 문서의 배포와 수정을 지원한다. 협력은 이제 시간과 장소에 제약되지 않는다.

　협력 활동을 효과적으로 운영하기 위해서는 여러 사람이 더불어 일을 해 갈 때 생기는 어려움을 잘 해결할 수 있는 기술과 방법, 그리고 자세를 습득해야 한다.

연습 문제

1. 지금까지 수강한 일반 과목이나 실험, 설계 과목에서 협동 학습의 경험을 성찰해 보라. 협력의 방법을 익히고 기술을 증진시킨다는 목표에 비추어, 그 과목에서 수행한 협동 학습은 어떤 의의와 문제점이 있었는가? 특히 협력하여 글을 쓰는 과정에서는 어떤 성과와 어려움이 있었는가?

2. 오늘날 과학 기술 분야의 첨단 연구 · 개발은 분야를 뛰어넘는 협력 관계를 요구한다. 과학 기술자들이 인문학이나 사회과학 분야의 전문가들과 협력해야 하는 일에는 어떤 것들이 있을지 생각해 보라.

3. 최근에 참여하거나 주재했던 회의를 '협력의 기구'라는 관점에서 자세히 검토하고 평가해 보라.

3장 과학 글쓰기의 전략

글쓰기 활동은 목표 지향적 사고 과정이며
조직화의 과정이다.

● 린다 플라워

1. 과학 글쓰기의 과정

글쓰기는 문서의 목적과 종류에 따라 대체로 일정한 과정을 밟는다. 생각이 정리되지 않은 상태에서 차츰 주장과 체계를 세워 개요를 짜고 한편의 글을 작성하게 된다. 과학 글쓰기도 이와 크게 다르지 않다.

일반적인 글쓰기 과정은 '쓰기 전 활동 → 쓰기 활동 → 쓰기 후 활동'으로 이루어지는데, 과학 글쓰기도 이런 단계를 거친다. 쓰기 전 활동은 글을 시작하기 전에 문서에 담길 중심 주장과 연구 방법을 구상하는 것이며, 쓰기 활동은 구상된 내용을 가지고 실제 글을 작성하는 과정이다. 그리고 완성된 초고를 보면서 문서의 내용과 문장을 교정·교열·윤문하는 일은 쓰기 후 활동이다.

일반적으로 과학 문서는 특정한 목적과 대상을 갖는 경우가 많다. 보고서는 실험의 결과를 교수나 학생들에게 알리고 설명하기 위하여 작성한다. 논문은 학술적인 연구 내용을 발표하는 것이다. 또 제안서는 특정한 연구나 사업을 지원 기관이나 투자자로부터 지원받기 위해 씌어진다. 이런 문서들은 문서를 읽는 독자들을 설득하고 납득시키는 것을 목적으로 삼기 때문에 구상의 단계부터 퇴고의 단계에 이르기까지 세밀한 준비 과정, 즉 전략이 필요하다.

1) 쓰기 전 활동: 글의 설계도를 만든다

정확하고 명쾌하고 간결한 과학 글쓰기 과정에서 가장 중요한 것은 쓰기 전 활동인 계획하기이다. 쓰기 전 활동은 글의 목적과 주장을 세우고, 글을 실을 매체와 글의 형식을 결정하는 과정이다. 문서가 보고서인지 제안서인지 논문인지에 따라 글쓰기의 내용과 방법이 달라진다. 따라서 글의 매체와 형식을 결정하는 것은 문서를 작성하기 전에 가장 먼저 고려해야 할 일이다.

글의 주장을 세우고 그 근거를 찾는 것도 쓰기 전 활동의 중요한 부분이다. 글을 쓰기 전에 자기 주장이 타당한 근거를 가지는지, 효용성이 있는지, 실현 가능한지 등을 검토해야 한다. 더불어 주장을 입증할 연구 방법을 생각하는 것도 필요하다. 그런 바탕 위에서 써야 할 글의 개요를 짠다. 쓰기 전 활동이 충분히 이루어지면 초고 작성의 시간뿐만 아니라 글을 다듬는 퇴고의 시간도 줄일 수 있다. 시행착오를 줄이기 위해서는 쓰기 전 활동을 충실히 하는 방법밖에 없다.

2) 쓰기 활동: 뼈에 살을 붙인다

내용을 서술할 때 필요한 것은 객관적인 문체와 어조를 유지하는

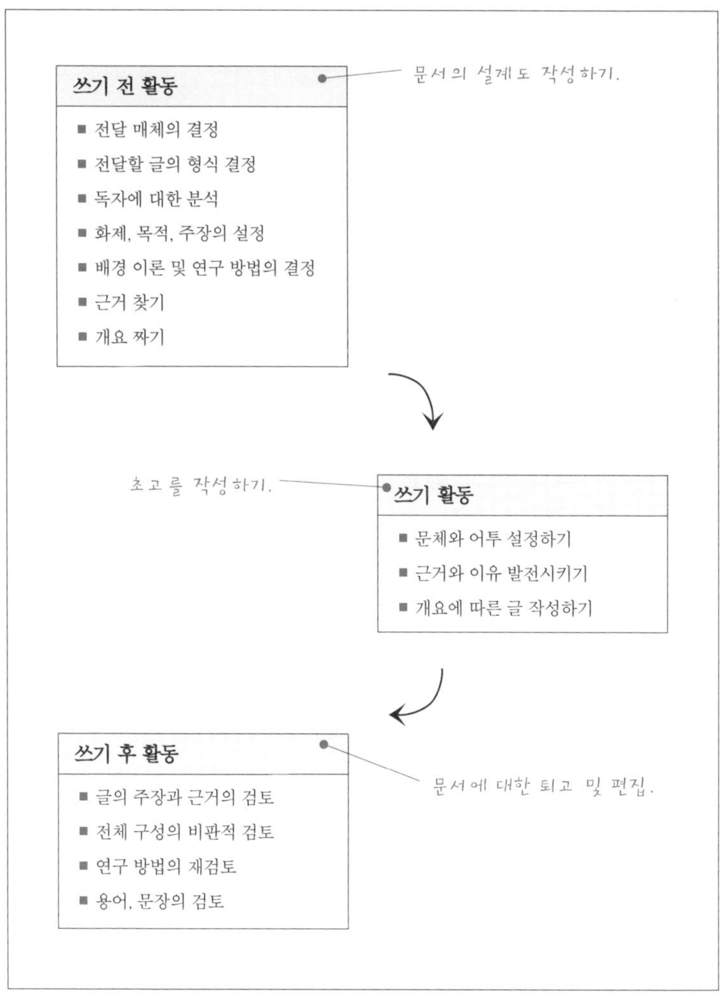

그림 3.1 글쓰기의 기본 순서. 쓰기 전 활동→쓰기 활동→쓰기 후 활동.

것이다. 아무리 좋은 주장을 한다고 하더라도 문장이 객관적이지 못하면 독자를 설득할 수가 없다. 과연 이 문장이 자신의 생각을 독자에게 분명하고 바르게 전달할 수 있는 것인가를 확인하려는 태도는 좋은 문서를 쓰기 위해 반드시 필요한 사항 가운데 하나이다.

글을 쓰는 과정에서 처음에 세웠던 계획들을 수정하거나 내용의 일부를 삭제할 수 있다. 글을 쓰는 과정은 생각을 다듬는 과정이므로 계획하기 단계에서 생각했던 내용은 글을 쓰면서 바뀌게 마련이다. 이런 경우 처음 계획한 내용을 고집하기보다는 전체 맥락을 고려하며 적절히 수정해 주는 것이 바람직하다. 쓰기 전 활동에서 세웠던 계획은 어디까지나 좋은 글을 쓰기 위한 과정일 뿐이다. 수정해야 하는 이유가 타당하고 분명하다면 언제든지 내용을 수정해야 한다.

3) 쓰기 후 활동: 글쓴이가 첫 번째 독자

쓰기 후 활동은 작성된 글이 설득적이고 논리적인 문서가 되었는지 검토하는 과정이다. 이 과정은 퇴고 과정이라고도 한다. 쓰기 후 활동에서는 자신의 주장이 근거에 맞게 설정되었는지, 문장과 용어 사용에 문제가 없는지, 연구 방법에 허점은 없는지, 글의 구성이 올바른지 검토한다. 만약 주장이나 근거에 문제가 있으면 처음 단계로 돌아가 문서 전체를 검토해 본다. 그리고 검토 과정을 통해 부분 수정과 전체 수정을 결정하고 이를 수행해야 한다. 일반적으로 주장, 근거, 구성 방법, 연구 방법에 큰 문제가 없다면 문장 교정으로 글의 퇴고를 마친다. 문장 교정은 보통 서너 번 정도 반복하는 것이 좋다.

2. 화제 탐색과 문제 설정에서 시작하라

과학 문서를 쓸 때 가장 먼저 생각해야 할 것은 화제를 탐색하고 문제를 설정하는 일이다. 화제 탐색은 문서를 만드는 일에 착수하기 전에 먼저 자신이 다루려는 분야를 설정하고 또 거기서 무엇을 말하려 하는지를 분명히 하기 위해 필요하다. 문서의 목적이 뚜렷할 경우에는 화제를 고려할 필요가 없지만, 그렇지 않은 경우에는 먼저 화제에 대해 생각하는 것이 좋다. 대체로 전문적인 연구자들은 여러 화제를 살펴보면서 그 속에서 자신이 연구할 주제를 정하게 된다.

일반적으로 화제는 문제를 설정하기 위해 탐색한 관련 분야의 항목들을 폭넓게 지칭하는 말이다. 예컨대 화학이나 생물을 전공한 과학 기술자라면 '미생물의 이용'이 하나의 화제가 될 수 있다. 미생물은 의료, 환경, 농업 분야에서 다양하고 유익하게 이용된다. 따라서 미생물을 이용하여 실생활에서 이익을 만들어 내는 일은 넓은 의미에서 하나의 화제라고 할 수 있다. 그러나 이런 화제는 논쟁적이고 구체적인 문제로 전환하기에 너무 범위가 넓다. '미생물과 환경', '미생물과 의료', '미생물과 농업'과 같이 화제를 좁혀야 비로소 논쟁적인 문제를 발견할 수 있다.

즉 문제는 화제 가운데에서 연구 과제로 전환된 주제를 의미한다. 앞서 말한 대로 '미생물과 환경'은 하나의 화제이다. 그것의 범위를 좁히고 구체화하면 '미생물을 이용해 환경을 개선하는 것'이 된다. 이처럼 문제는 화제를 관심 분야와 해결 방법에 따라 구체화함으로써 만들어진다. 화제로부터 문제를 생성할 때에는 될 수 있는 대로 범위를 좁히는 것이 좋다. 범위를 좁힐 때에는 그 화제에 대해 자신이 가장 잘 알고 있는 부분으로 좁혀야 한다. 잘 알고 있는 내용이라야 구체화할 수 있기 때문이다. '미생물을 이용해 환경을 개선하는 것'보다 '미생물을 이용해 해양 오염을 개선하는 것'이 좀 더 구체적이고 실제적인 문제이다.

앞의 예를 중심으로 화제에서 문제로 전환하기 위해 점검해야 할

- **사실 확인**: 실제 유류 유출이 있었는가? 또 이것이 해양 오염을 유발했는가?
- **정도 측정**: 유류 물질 유출로 인한 해양 오염이 문제로 삼을 만큼 심각한가?
- **규정 검토**: 유류 유출로 인한 해양 오염은 학술적으로나 법률적으로 규정된 문제인가?
- **효율성 탐색**: 미생물로 유류 물질을 분해하는 일이 효율적이며, 실재적 이익이 되는 일인가?
- **가치 평가**: 미생물을 통한 유류 분해가 공공의 선에 부합할 만큼 가치 있는 일인가?

그림 3.2 화제에서 문제로 전환할 때 검토해야 할 기초 사항들.

기초적 사항을 정리한 것이 그림 3. 2이다.

화제를 문제로 전환할 때에는 화제 탐색에 이은 화제 확장 과정이 필요하다. 그림 3. 3을 보자. 이 그림은 미생물을 이용한 해양 오염 개선 방안 연구에 필요한 화제 탐색과 확장 과정을 보여 준다. 우선 서술해야 할 화제 항목을 간략하게 제시한다. 그런 다음 각 화제에 포함된 내용을 세부적으로 기술하여 전체 내용을 확장한다. 이런 방법을 반복하면 본문에 들어갈 다양한 내용을 생성해 낼 수 있다. 이처럼 화제는 문제를 설정할 때만 사용되는 것이 아니다. 화제는 다양한 내용을 생성하는 데 도움을 준다. 화제를 통해 내용을 생성할 때에는 특정 분야의 화제를 나열한 후 그에 따른 하위 항목들을 채워 나가는 방법을 사용한다.

과학 분야의 전문적인 글쓰기는 대부분 문제 중심으로 이루어진다. '지리 정보 시스템을 이용하여 어떻게 산사태를 예방할 것인가?', '지구 온난화가 어떻게 엘니뇨 현상을 유발하는가?', 'SPARK RISC를 이용하여 어떻게 고성능 제어 시스템을 만들 것인가?' 이와

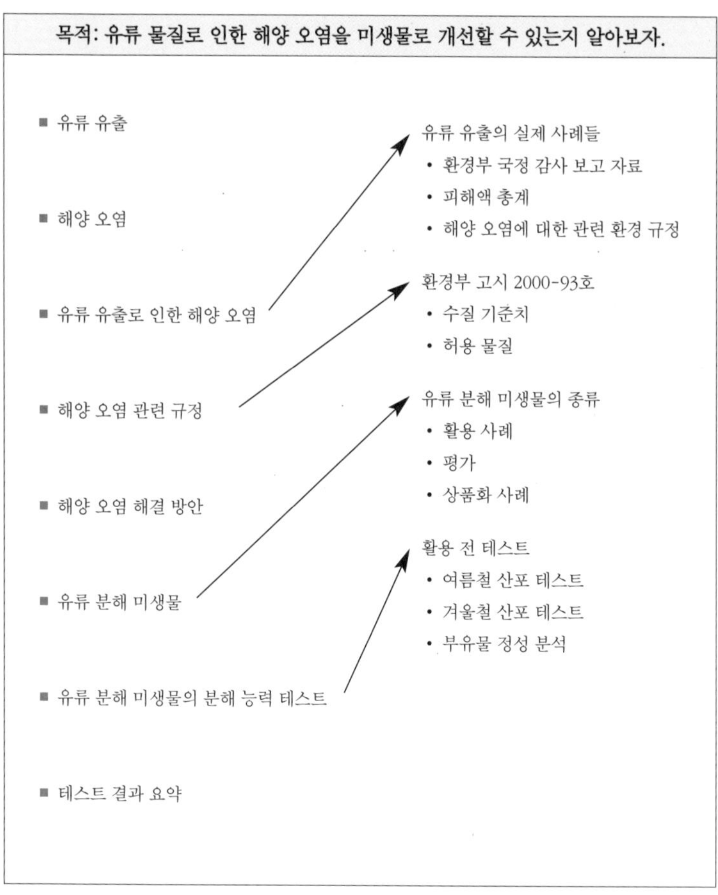

그림 3.3 화제의 탐색과 확장 과정.

같이 과학적으로 해결해야 할 다양한 과제가 과학 문서의 문제가 된
다. 과학 문서의 문제 속에는 대체로 문제 상황에 대한 진단과 연구
방향 및 목적이 담겨 있다. 문제 상황에 대한 정확한 분석과 연구 가
능성 여부, 결과에 대한 예측, 대략적인 개선 방안 등을 알지 못하면
무엇을 문제로 삼을까를 확정할 수 없기 때문이다. 따라서 이런 다양
한 요소를 검증하기 위해 문제 설정에 오랜 시간이 걸리기도 한다.

- **자신이 말하고자 하는 문제 분야:** 화제 항목, 주제

  예) 미생물과 환경, 미생물과 해양 오염 처리

- **관련된 전공 분야의 연구 동향**

- **연구 방법에 대한 예측:** 타당성, 적절성

  예) 유류의 성분 분석, 지방족 탄화수소 분해 미생물의 기능 측정

- **결과에 대한 예측:** 유용성, 실행성

  예) 미생물을 이용한 오염 처리 방법의 유용함과 효율성 검증

- **쓰고자 하는 글의 양식:** 보고서, 논문, 에세이, 제안서 등

  예) 연구 보고서: 미생물 처리제를 이용한 수질 오염 개선 연구

- **독자의 반응**

그림 3.4 문제 설정 시 우선 고려해야 할 사항들.

또 이것을 위해 여러 사람과 협의하기도 하며 공동 연구를 진행하기도 한다.

글을 작성할 사람은 화제를 바탕으로 문제를 설정하기 위해 글의 목적과 글쓰기 방법, 결과와 해결책을 인지하고 있어야 한다. 예컨대 내가 이 문제를 통해 어떤 결과를 기대하고 있는지, 문제를 해결할 방안은 있는지, 그 결과가 유용한지, 내 전공 분야의 관심사와 부합하는지, 결과에 대한 독자들의 반응은 어떠할지, 내가 속한 학교나 기업의 연구 방침과 일치하는지 등에 대한 해답을 가지고 있어야 한다. 여러 가지 문제에 대한 예측된 해답을 가지고 있지 않다면 문제를 설정할 수가 없다. 잘못된 문제를 설정하면 많은 시간과 비용을 낭비하게 된다. 문제 설정을 위해 우선 고려해야 할 사항은 그림 3.4와 같다.

3. 주장과 논증: 당신의 주장은 근거가 있는가?

화제 탐색을 통해 문제를 설정하면 그 다음에는 문제에 대한 '해결책'을 찾아보아야 한다. 해결책이 없는 문제 설정은 제안이나 의견 제시에 불과하다. 물론 때에 따라 문제의 심각성을 알리기 위해 해결책이 없는 글을 쓰는 경우가 있다. 그러나 특별한 경우가 아니라면 과학 문서는 대개 문제와 해결책을 같이 제시해야 한다. 과학 문서에서 해결책은 문제에 대한 해결 방법과 결과를 서술하는 형식으로 전개되는데, 일반적으로 이를 '주장'이라고 부른다.

일반적으로 모든 주장에는 논증이 있어야 한다. 어떤 주장이 합당하다는 것을 입증하기 위해서는 근거가 필요한데, 그 근거는 논리적으로 타당하고 이유가 분명한 것이어야 한다. 설득력 있는 주장은 반드시 타당한 근거와 이유를 가진다. 주장이 명료하다는 것은 근거가 그만큼 충실하고 구체적이라는 것을 뜻한다.

주장의 설득력을 높이기 위해서는 글쓴이가 그 분야에 대해 전문적인 지식을 갖고 자신 있게 말하는 것이 필요하다. 특정 분야의 전문가가 해당 분야에 대한 어떤 주장을 제시할 때 독자들은 그것을 쉽게 받아들이게 마련이다. 따라서 과학 문서를 작성하고자 할 때에는 자신이 잘 아는 분야에서 문제와 주장을 끌어내는 것이 중요하다. 또 과학적 주장을 사회적으로 관철시킬 필요가 있을 때에는 대중의 감정과 정서도 고려해야 한다.

이런 요소 외에도 올바른 주장을 위해서는 그것이 문제를 해결할 대안을 가지고 있는가, 자신의 주장과 유사한 주장이 이미 제시된 것은 아닌가, 자신의 주장을 뒷받침할 연구 방법은 있는가, 자신의 주장에 대해 동료들은 어떤 반응을 보일까 등의 질문을 던져 보는 것이 좋다. 따라서 주장을 내세울 때에는 그림 3. 5의 질문들을 자신에게

- **주장의 명료성**: 내 주장의 핵심 내용은 무엇인가? 문제에 부합하는 주장인가?
- **근거와 이유**: 내 주장을 뒷받침할 근거나 이유가 있는가?
- **해결 가능성**: 내 주장은 문제 상황을 해결할 수 있는가?
- **유사한 상황**: 내 연구 방법과 유사한 것이 있는가? 있다면 그것과 어떤 차이점이 있는가?
- **선례와 반례**: 내 주장과 같은 것이 과거에도 있었는가? 반대되는 주장은 없는가?
- **반박 가능성**: 내 주장이 반박될 가능성이 있는가?
- **기존 연구**: 내 주장을 뒷받침할 기존 연구가 있는가? 있다면 어떤 결론이 나와 있는가?
- **연구 방법**: 내 주장 속에는 해결책을 구하기 위한 연구 방법이 담겨 있는가?
- **연구자 적합성**: 연구진은 이 문제를 풀기 위해 적합한 사람들로 구성되어 있는가?
- **동료들의 반응**: 내 주장에 대해 동료들은 어떻게 반응할 것인가?

그림 3.5 주장을 내세울 때 우선 고려해야 할 사항들.

먼저 던져 보아야 한다.

과학 문서를 통해 제시될 주장은 여럿일 수 있으며 그것들은 서로 어떤 관계를 가진 것일 수 있다. 주장들의 관계 역시 검토해 보아야 한다.

과학 문서에서 가장 큰 주장은 '주제'이다. '주제문'은 과학 문서가 내세우는 중심 주장을 한 문장으로 서술한 것이다. 그밖에도 하위 항목에서 여러 주장이 삽입될 수 있다. 예를 들어 사실에 대한 주장이 그 하나이다. "유류 유출 사고가 빈발하면서 해양 오염이 심각해졌다.", "미생물로 유류를 분해할 수 있다.", "화학 약품을 통한 오염 방제는 부작용이 많다." 등은 '사실에 대한 주장'이다. 반면에 "환경 오염을 막기 위해 미생물로 유류를 분해하는 것이 반드시 필요하다."

라는 주장은 '정책에 대한 주장'이다. '사실에 대한 주장'과 '정책에 대한 주장'은 따로 분리되어 나타나기도 하고 서로 결합되어 나타나기도 한다. "화학 약품을 통한 해양 오염 방제는 부작용이 있을 수 있으므로 미생물을 통해 정화해야 한다."라는 주장은 두 주장을 결합한 것이다.

이처럼 하나의 문서 속에 여러 주장들이 다양하게 결합되어 나타난다. 물론 하나의 주장만 제시되는 경우도 있지만 여러 주장들로 하나의 중심 주장이 만들어지기도 한다. 이 경우 하위 주장은 상위 주장을 뒷받침하는 근거가 된다. 이처럼 주장들의 배치는 위계적이게 마련이다.

좋은 과학 문서를 작성하기 위해서는 한 편의 글 속에 담겨 있는 다양한 주장들을 검토하고 이 주장들 사이의 위계 관계를 잘 세워야 한다. 주장들 사이의 다양한 관계를 파악하는 것은 개요 짜기를 위해 반드시 필요한 과정이다.

4. 개요 짜기: 글쓰기의 로드맵

과학 문서를 작성할 때 '개요 짜기'는 일반적인 글쓰기와 마찬가지로 매우 중요하다. 개요는 글 전체의 설계도이므로 개요를 어떻게 잡느냐에 따라 글을 쓰는 과정과 글의 내용도 달라진다.

글쓰기에 앞서 개요를 짜는 데에는 두 가지 이유가 있다. 첫째, 개요는 주장과 근거, 연구 방법, 연구 결과 등을 정리하고 이것들을 분류하여 체계화할 수 있도록 도와준다. 글을 계획하는 단계에서는 여러 주장들과 다양한 내용들이 섞여 있어 이것들을 체계화하기가 어럽다. 개요 짜기는 이런 산만한 내용들을 정리하여 글의 내용들이 서로 어떤 관련을 맺고 있는지, 부분과 전체가 어떻게 연관되어 있는지를 파악하도록 도와준다. 글을 계획하는 단계에서 개요 작성은 생각을 정리하고 체계화하는 하나의 과정이다.

둘째, 개요는 문서를 작성할 때 길을 안내하는 지도 역할을 한다. 짧은 문서라면 개요 없이도 글을 쓸 수 있겠지만 긴 문서라면 그렇게 하기 힘들다. 개요 없이는 글의 전체적인 맥락을 놓치기 쉽다. 또 개요는 글의 목적에 맞게 그 내용을 통제하고 정리해 주는 기능을 한다. 그래서 문서를 작성할 때에는 항상 개요를 옆에 두고 이를 확인하면서 일을 진행할 필요가 있다.

과학 문서에는 여러 종류의 양식이 있기 때문에 개요 짜기의 방법을 일반화하여 설명하기는 어렵다. 그러나 과학 문서도 대체로 '서두(머리말), 본문, 결말(맺음말)'의 형식으로 이루어진다. 통상 서두에서는 문제 정의, 배경, 문제 해결 방법을 제시하고, 본문에서 해결 방법의 실행, 세부 주장과 근거, 실험의 경과 등을 설명한다. 결말에서는 결과와 평가, 효과와 실효성, 주장의 장단점 등을 서술해 준다. 물론 각 항목의 구체적 내용은 문서의 종류와 목적이 무엇인가에 따라 달라질 것이다. 예컨대 실험 보고서와 같이 분석적 과제를 서술하는 문서라면 실험 과정에 대한 분석적·종합적 평가를 결말에 쓴다. 반면에 쓰려는 글이 문제 해결을 위한 문서라면 해결책에 대한 요약이나, 해결책의 장점과 효용성을 결말에 서술해 준다.

다음 그림 3. 6과 3. 7은 분석적 과제를 다루는 문서를 쓸 때 필요한 개요 항목과 문제 해결을 위한 문서를 쓸 때 필요한 개요 항목을 제시한 것이다.

일반적인 문서 양식이 있는 경우 개요 짜기는 그 양식에 맞추어 이루어진다. 과학 논문이라면 일정한 형식이 있다. 논문은 '서론, 본론, 결론'의 형식으로 이루어지며 대체로 그 하위 항목도 규정되어 있다. 예컨대 '미생물을 통한 해양 오염 방제 효과'를 주제로 한 논문을 작성할 경우 논문의 서론에는 연구의 배경과 목적, 이론적 배경이 쓰고, 본문에는 미생물 오염 처리의 실험 결과, 적용 방법, 효용성 등이 쓴다. 결론에는 미생물을 통한 방제에 관한 기대 효과, 장점 및 단점, 발표자의 의견 등을 요약적으로 제시하면 된다. 만약 위의 내용을 제안서로 작성할 경우에는 제안서의 일반적 양식에 따라 그 항목들을 채워 나가면 될 것이다. 특정 기관에서 사용하는 양식에 맞춰 글을 써야 한다면 물론 개요도 그 양식을 염두에 두고 짜야 한다.

그러나 개요를 짤 때 억지로 양식에 얽매일 필요는 없다. 경우에 따라서는 문서의 목적에 따라 양식에 구애받지 않는 글쓰기가 필요할 때도 있다.

그림 3. 8은 특정 문서의 개요를 짤 때 논리에 따라 짠 것과 중요도에 따라 짠 것의 차이를 보여 준 것이다. 전자가 논문의 개요 짜기에 어울린다고 한다면 후자는 사업 제안서의 개요 짜기에 어울린다.

분석적 과제를 다루는 문서

1. 서두 — 머리말이라고도 한다.
    1) 대상 독자
    2) 문제의 정의와 목적
    3) 연구 배경
    4) 실험 시간과 장소
    5) 재료, 경비, 실험 기구 — 표와 그림으로 정리.
    6) 실험 계획표

2. 본문
    1) 첫 번째 주요 실험 단계 — 적절한 표가 있으면 좋다.
        (1) 목적
        (2) 실험의 이론적 배경
        (3) 실험 시 고려해야 특이 사항
        (4) 하위 실험 단계
        (5) 하위 실험에 대한 분석 — 필요할 경우에 넣는다.
    2) 두 번째 주요 실험 단계 — 상세 항목은 위와 같다.

3. 결말 — 맺음말이라고도 한다.
    1) 평가 결과 — 표와 그래프를 적절히 사용한다.
    2) 소요 시간과 비용
    3) 장점과 단점
    4) 효과
    5) 중요성
    6) 상위 연구 과정과의 관계

그림 3.6 분석적 과제를 다루는 문서의 개요 짜기.

문제 해결을 위한 문서

1. 문제 · 소개 · 서문

　1) 문제 제기와 독자의 관심 환기

2. 전문가적 자격

　1) 전문가적 견해와 자격

3. 견해 · 해결책 요약

　1) 입장 · 견해 · 해결책

　2) 해결책에 대한 이유

4. 문제의 배경

　1) 문제의 본질 · 원인 · 역사

　2) 독자와의 관련성

5. 견해나 해결책을 위한 논증

　1) 판단을 위한 기준

　2) 문제 해결에 대한 근거 · 연구 과정

　3) 해결책에 대한 다양한 자료

　4) 해결책의 장단점

6. 결론

　1) 해결책에 대한 요약

　2) 해결책의 이점, 효용성 강조

그림 3.7 문제 해결을 위한 문서의 개요 짜기.

○ ○ ○ 주식회사 사무 자동화 제안서

| 논리에 따른 개요 짜기 | 중요도에 따른 개요 짜기 |

논리에 따른 개요 짜기

[1. 배경: 문제, 목적, 기준(표준)]
2. 지역 네트워크(LAN)
  2.1. 베이스밴드(기저 대역) 시스템
    2.1.1. 정보 전송 방법
    2.1.2. 소프트웨어
    2.1.3. 응용과 개발
    2.1.4. 비용과 이용도
  2.2. 브로드밴드(광대역) 시스템
    2.2.1. 정보 전송 방법
    2.2.2. 소프트웨어
    2.2.3. 응용과 개발
    2.2.4. 비용과 이용도
3. 자동식 구내 교환 시스템(PABX)
  3.1. 정보 전송 방법
  3.2. 소프트웨어
  3.3. 응용과 개발
  3.4. 비용과 이용도
4. 추천 시스템: PABX
  4.1. 장점
    4.1.1. 효율성을 높인 음성과 메시지 전달용 소프트웨어
    4.1.2. 높은 노드 출력
    4.1.3. 음성 정보와 데이터 정보의 조합의 최적화
    4.1.4. 다른 회사 하드웨어와의 호환성
    4.1.5. 저렴한 비용
  4.2. 단점
    4.2.1. 데이터 전송 능력
    4.2.2. 분산 데이터 처리 속도
5. ○○○주식회사에 PABX 시스템을 도입했을 경우

중요도에 따른 개요 짜기

[1. 배경: 문제, 목적, 기준(표준)]
2. 추천 시스템: PABX
  2.1. 장점
    2.1.1. 효율성을 높인 음성과 메시지 전달용 소프트웨어
    2.1.2. 높은 노드 출력
    2.1.3. 음성 정보와 데이터 정보의 조합의 최적화
    2.1.4. 다른 회사 하드웨어와의 호환성
    2.1.5. 저렴한 비용
  2.2. 단점
    2.2.1. 데이터 전송 능력
    2.2.2. 분산 데이터 처리 속도
3. 다른 시스템의 경우: 기저 대역 시스템과 광대역 시스템
  3.1. 소프트웨어
  3.2. 응용과 개발
  3.3. 비용과 이용도
4. ○○○주식회사에 PABX 시스템을 도입했을 경우

그림 3.8 논리에 따른 개요 짜기와 중요도에 따른 개요 짜기의 차이.

연습 문제

1. 아래 화제 항목에서 문제를 뽑고 주제를 작성해 보자.

    1) 지구 환경

    2) 생명 복제

    3) 정보와 기술

2. 자신의 전공 영역에서 연구 대상이 될 만한 화제 다섯 가지를 뽑아 보자. 이 화제들 중 하나를 골라 연구 주제를 설정하고 이것에 관해 논리에 따른 개요와 중요도에 따른 개요를 짜 보도록 하자.

4장 정보 탐색

내가 더 멀리 볼 수 있었다면 그것은
내가 거인의 어깨를 딛고 서 있었기 때문이다.
● 아이작 뉴턴

1. 정보가 힘이다

과학 기술자들은 새로운 연구 결과를 얻고 주어진 프로젝트를 성공적으로 수행하기 위해 자신의 시간과 에너지를 아낌없이 투자한다. 그러나 수년간의 노력 끝에 나온 연구 결과가 알고 보니 외국 어느 대학의 누군가가 이미 공식적으로 발표한 것이라면 어떻게 하겠는가? 프로젝트를 진행하는 과정에서도 몇 개월 동안 고심했던 문제가 이미 다른 연구자가 이미 해결해 놓은 것일 수 있다. 이런 경우를 피하기 위해서는 연구나 프로젝트 작업의 초반에 해당 주제와 관련된 문헌들과 연구 논문, 보고서 등을 찾아 면밀히 검토하는 정보 탐색 작업을 게을리 하지 말아야 한다.

정보 탐색은 선배 과학 기술자들이 이룩한 성과를 수용하고 이것을 토대로 새로운 연구 과제를 수행하기 위해서도 필수적인 과정이다. 자신이 관심을 가진 분야의 최신 업적들을 살피지 못한 채 연구에 나선다는 것은 어리석고 무모한 일이다. 더구나 각각의 전문 분야에서 지식과 정보가 빠른 속도로 바뀌고 있는 오늘날, 하루가 멀다 하고 쏟아지는 연구 결과를 잘 알지 않고는 결코 관련 분야에서 선도적인 과학 기술자가 될 수 없다. 과학 기술자는 정보 탐색을 통해서 자신의 연구 주제를 정하게 마련이다. 최신의 연구 동향과 최근의 연구 결과물들을 지속적으로 파악하는 일에 소홀하다면 더 새롭고 혁신적이며 창조적인 연구 주제를 찾아내는 일도 불가능할 것이다. 그것은 '거인의 어깨' 위에 올라서려는 부단한 노력이 없이는 멀리 볼 수 없기 때문이다.

2. 성공적인 정보 탐색을 위한 전략

1) 정보와 지식의 흐름을 파악하라

현대는 정보 홍수의 시대이다. 지금 이 순간에도 전 세계의 수많은 학자들이 숱한 논문들과 저술들을 쏟아내고 있다. 이런 상황에서 개별 과학 기술자가 새로운 정보들을 모두 찾아서 검토하고, 그 각각이 지닌 의의와 가치를 준별한다는 것은 어려운 일이다. 그러나 숙련된 과학 기술자가 되고자 한다면 무엇이 새로운 것이고 신뢰할 만한 것인지 판단할 수 있어야 한다. 이것을 위해서는 우선 해당 분야의 정보와 지식의 흐름을 전체적으로 파악하고 있어야 한다.

광대한 정보의 바다에서도 각각의 전문 분야별로 최신의 정보가 모이고 정리되는 장소가 별도로 존재한다. 현재 수행하고 있는 작업과 관련된 최신 정보가 어디에 집결되며 어떤 통로로 전달되는지를 파악하고 있다면, 과학 기술자는 정보의 홍수 속에서 갈피를 못 잡고 시간을 낭비하지 않을 것이다. 일반적으로 최신의 정보가 집결되고 정리되는 곳은 관련 분야에서 권위를 갖는 학술지나 소식지 등이다.

정보 탐색에서 명심해야 할 또 한 가지 사항은 책자의 형태로 발표된 정보나 지식에만 관심을 가져서는 안 된다는 점이다. 일반적으로 정보 탐색에 착수하면 출판된 형태의 책자나 논문을 찾아보게 마련이다. 그러나 여러 과학 기술 분야에서 새로운 지식이 책자의 형태로 등장하기까지는 짧게는 수개월에서 길게는 수년이 걸린다. 따라서 과학 기술자는 학위 논문이나 예비 논문은 물론 세미나, 콜로키엄, 심포지엄, 좌담과 통신문, 예비 보고서, 소규모의 내부 세미나, 논문 제안서, 프로젝트 보고서, 회의록 등을 통해서 정보를 수집할 필요가 있다. 순수 과학 분야에서는 새로운 정보가 다양한 형태의 포럼을 통해 공개되기도 한다.

2) 전문가의 도움을 구하라

전문가라면 새롭고 유효한 정보를 가지고 있을 가능성이 크다. 그러므로 전문가가 가진 정보 원천에 가까워질수록 좀 더 최신의 정보를 얻을 수 있다. 만약 연구실이나 프로젝트 팀 구성원 가운데 필요한 분야의 전문가가 있을 경우, 그가 보유한 최신 정보를 요청하거나 아니면 최신의 정보나 자료를 어떻게 얻을 수 있는지 물어보는 것이 좋다.

관련 분야의 최신 경향이나 최근에 주목받고 있는 연구을 다룬 논문이나 서적, 혹은 반드시 읽어야 하고 참고해야 할 논문이나 서적에 대한 전문가의 조언은 시간과 에너지의 낭비를 줄여 줄 뿐만 아니라 프로젝트를 설계하는 데에도 풍부한 이론과 방법 및 경험을 제공해

잘못된 문헌 탐색이 낳은 엉터리 결과

영국의 과학 전문지《뉴사이언티스트(*NewScientist*)》는 2005년 4월에 유명한 식물학자인 데이비드 벨라미(David Bellamy)의 글을 실었다. 영국 더럼(Durham) 대학교의 전임 강사이기도 한 벨라미는 이 글에서 온실 기체로 인한 전 지구적 기후 변화의 결과로 세계 여러 지역에서 빙하가 녹고 있다는 과학자들의 주장을 거부하면서 빙하가 실제로는 줄어드는 게 아니라 오히려 증가하고 있다고 주장했다. 그는 자신의 주장을 여러 관측 수치들을 동원하여 뒷받침했으며, 이 수치들이 스위스의 취리히에 있는 세계 빙하 감시단(World Glacier Monitoring Service) 등에서 발표한 관측 자료에 따른 것이라고 설명했다.《뉴사이언티스트》를 통해 소개된 벨라미의 글은 '온실 기체로 인한 기온 상승' 이론을 거부해 온 사람들의 관심과 지지를 받았으며, 여러 과학자들 사이의 논쟁을 불러일으켰다.

그러나 벨라미가 제시한 여러 수치들은 완전히 잘못된 것이었으며 최근에 발간된 과학 연구 논문들과 문헌들을 통째로 무시하는 것들이었다.《가디언(*Guardian*)》의 칼럼니스트인 조지 몬비옷(George Monbiot)은 벨라미가 제시한 자료들을 자세히 점검해 나가기 시작했는데, 그 결과 벨라미가 인용한 수치들은 취리히의 세계 빙하 감시단의 자료 원본과는 완전히 다른 엉터리 수치였음이 드러났다. 벨라미가 제시한 자료들은 여러 과학자들과 관측자들이 발표한 자료를 문맥과 다르게 인용하거나 혹은 수치를 왜곡한 것이었다.

몬비옷은 저명한 식물학자이기도 한 벨라미가 고의적으로 자료를 왜곡했으리라고 생각하지 않았다. 그래서 그는 벨라미에게 어디서 이런 엉터리 자료들을 보고 인용하게 되었는지를 밝히도록 여러 차례 요구했다. 그 결과 벨라

미는 이 자료들을 아이스에이지나우(www.iceagenow.com)이라는 인터넷 사이트를 통해 알게 되었다고 고백했는데, 이 사이트는 새로운 빙하기 시대가 도래하고 있다고 믿는 전직 건축가가 구축한 곳이었다. 로버트 펠릭스(Robert Felix)라는 이 아마추어 과학자는 자신의 주장을 뒷받침하기 위해 엉터리 자료들을 적어 놓았으며, 벨라미가 제시한 자료들은 모두 이것을 토대로 작성되었던 것이다.

이제 이 사건은 전 세계의 과학계에서 '사이비 과학'의 대표적인 예로 인용되고 있으며, 벨라미는 전 세계의 동료 학자들로부터 비난을 받는 상황에 처하게 되었다. 이것은 충실하고 올바른 정보 탐색을 수행하지 않음으로써 관련 학계의 최근 연구 성과를 반영하지 않거나 전적으로 무시한 채 자신의 주장을 펼치는 일이 어떠한 결론에 도달하게 되는지를 잘 보여 주는 사건이기도 하다.

그림 4.1 《뉴사이언티스트》의 홈페이지.

줄 것이다. 만약 주위에 조언을 구할 전문가가 없다면 다양한 인적
네트워크를 이용하여 전문가를 소개받고 찾아갈 필요도 있다. 이런
일들을 수고스럽고 번거로운 작업이라고 생각하지 말아야 한다.

3) 컴퓨터와 네트워크를 적극 이용하라

정보의 바다는 네트워크의 바다이기도 하다. 최근에는 수많은 정
보들이 네트워크로 차츰 통합되고 있다. 전 세계의 도서관 자료들이
온라인으로 묶이고 있으며, 온라인상에서 유용한 정보와 지식을 제
공하는 기업체들도 늘고 있다. 이제 네트워크로 통합된 정보와 지식

그림 4.2 한국교육학술정보원에서 제공하는 학술연구정보서비스(RISS)의 첫 화면이다. 이 사이트에서는
우리나라 대학과 일본 대학에 소장되어 있는 자료 전체에 대한 통합 검색이 가능하며, 논문 자료의 경우 PDF
파일의 형태로 내려받거나 구매할 수도 있다(www.riss4u.net).

은 순식간에 검색되고 또 손쉽게 접근할 수 있는 것이 되었다. 컴퓨터 네트워크는 정보와 자료를 얻기 위해 감수해야 했던 물리적이고 시간적인 제약을 상당 부분 무너뜨렸다. 아직 출판이 안 된 자료와 정보를 볼 수 있게 되었다는 것은 그 한 예다.

네트워크로 통합되고 있는 수많은 자료들 속에서 원하는 것을 효율적으로 얻어내기 위해서는 관련 분야의 정보가 움직여 가는 흐름을 평소에 면밀하게 파악하고 있을 필요가 있다. 컴퓨터를 유용하게 다룰 수 있어야 함은 물론이다.

4) 도서관을 활용하라

도서관은 정보와 문헌의 집결지 중 하나이다. 도서관이 수집·정리하고 있는 정보는 과학 기술의 전 분야를 망라한 것이기 때문에 특정한 전문 분야에 관한 유효한 정보를 얻기 위해서는 직접 검색 작업을 수행해야 한다. 모든 도서관에는 소장 자료에 대한 색인과 문헌 편람이 마련되어 있다. 색인이란 도서관이 보유한 자료의 목록을 말하는데, 학술지 색인이나 정기 간행물 색인에는 단지 "몇 년에 간행된 몇 호"라는 식의 정보만이 실려 있을 뿐, 그 안에 게재된 개별 논문과 보고서의 목록을 제공하고 있지는 않다. 학술지나 정기 간행물에 게재된 논문과 자료의 자세한 목록을 검색하려면 문헌 편람을 이용해야 한다. 대학 도서관 참고 문헌실에 비치되어 있는 *Chemical Abstracts*나 COMPENDEX(이전의 *Engineering Index*) 등은 대표적인 문헌 편람이다. 물론 각 도서관이 이 문헌 편람들에 소개된 자료들을 모두 소장하고 있는 경우는 드물다.

최근에 와서 각 도서관의 색인과 문헌 편람은 네트워크를 통해 통

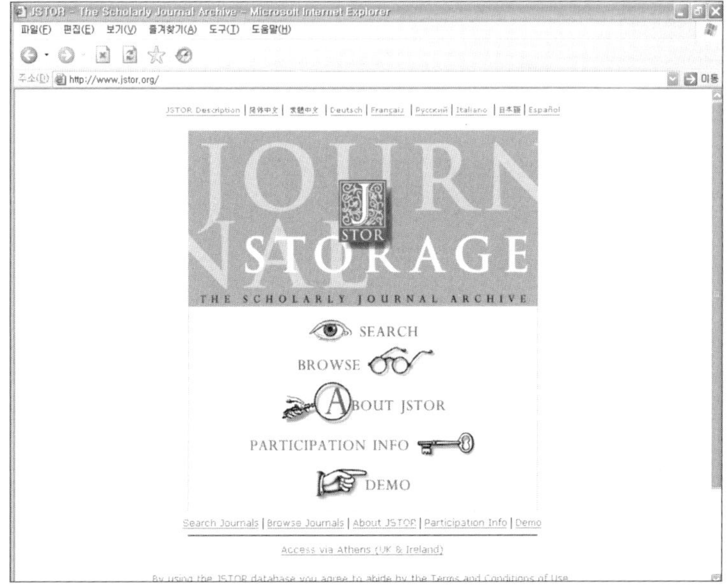

그림 4.3 미국을 비롯한 세계의 주요한 대학과 기관들에 소장된 학술지들을 손쉽게 검색하고 내려받을 수 있는 비영리 검색 사이트 중의 하나인 JSTOR의 첫 화면이다. JSTOR로부터 계정을 구매한 대학이나 기관을 통해서 접속할 수 있다(www.jstor.org).

합되어 편리하게 검색할 수 있게 되어 있다. 따라서 이제는 자신이 소속되어 있는 대학 도서관에 소장되어 있지 않은 자료라고 하더라도 네트워크를 통해 검색이 가능하며, 자료의 서지 사항 및 청구 기호(자료가 전산화된 것일 경우 URL)를 알아낼 수 있다. 도서관이 소장하고 있는 자료들도 출판물의 형태를 지닌 것들로부터 차츰 마이크로필름이나 전자 파일, 혹은 CD-ROM, DVD-ROM의 형태로 변하고 있다. 최근 들어 더욱 급속히 진행되고 있는 자료의 전산화는 대규모 디지털 도서관의 구축을 가능하게 만들었다. 이제 연구실에 놓여 있는 컴퓨터로 인터넷을 통해 검색을 수행하고 세계 각국에 흩어져 있는 자료를 편리하게 얻을 수 있게 된 것이다.

컴퓨터와 네트워크를 통한 정보 검색 작업의 단점은 검색창에 써

넣는 키워드에 따라 검색의 결과가 제한되기 때문에 더 광범위하고 다양한 정보를 얻을 수 없다는 것이다. 도서관에는 자료들이 분야별로 정리되어 있기 때문에 해당 주제와 관련된 자료가 비치되어 있는 서가 주변을 광범위하게 살펴보면 자신이 미처 생각하지 못한 정보나 자료를 얻을 수도 있다.

3. 정보 탐색의 실제

정보 탐색의 실제 과정은 대부분의 경우 인터넷을 통해 이루어진다. 이제 도서관은 자료를 수집·보관하는 기본 업무 이외에도 인터넷을 통한 검색 작업을 보조하는 역할을 담당하게 되었다. 인터넷을 이용한 검색에서도 명심해야 할 점은 자신이 탐색하고자 하는 정보의 범위를 되도록이면 좁혀야 한다는 것이다. 그러기 위해서는 찾으려는 주제를 한정하고 문제의 초점을 분명히 할 필요가 있다. 광범위하고 모호한 검색어를 입력하면 수많은 검색 결과 속에서 우왕좌왕하게 될 것이다. 검색의 주요한 방법들을 소개하면 다음과 같다.

1) 검색 프로그램의 이용

과학 기술 분야의 기본 정보는 일차적으로 인터넷 검색 프로그램을 이용하여 얻을 수 있다. 몇몇 검색 사이트를 방문해서 검색창에 찾고자 하는 자료의 키워드를 입력하면 관련된 잡지와 논문, 전공자의 홈페이지 주소 등의 다양한 정보가 나온다.

그림 4.4 세계적인 검색 사이트인 '구글'의 검색 결과 화면.

검색의 세부 과정과 주요한 학술지의 웹사이트들은 전공별로 다르게 마련이다. 찾고자 하는 자료가 수리물리학 분야의 연구 주제인 '디리클레 형식과 확산 과정(Dirichlet forms and diffusion processes)' 분야와 관련된 것이라면, 검색창에 이를 영문으로 입력하여 그림 4. 4와 같은 검색 결과를 얻을 수 있다.

화면에 나타난 검색 결과 중에서 흥미로운 것을 클릭하여 그 내용을 살펴보라. 그것은 논문일 수도 있고, 어떤 사람의 홈페이지와 연결된 링크일 수도 있다. 위에 나와 있는 정보 중에서 바이런 슈물랜드(Byron Schmuland)라는 학자의 이름이 보이는데, 이 항목을 클릭하면 그림 4. 5와 같이 캐나다의 앨버트(Albert) 대학교 서버로 연결되고, 그곳에 올라와 있는 바이런 슈물랜드의 예비 논문이 PDF 파일로 나타난다.

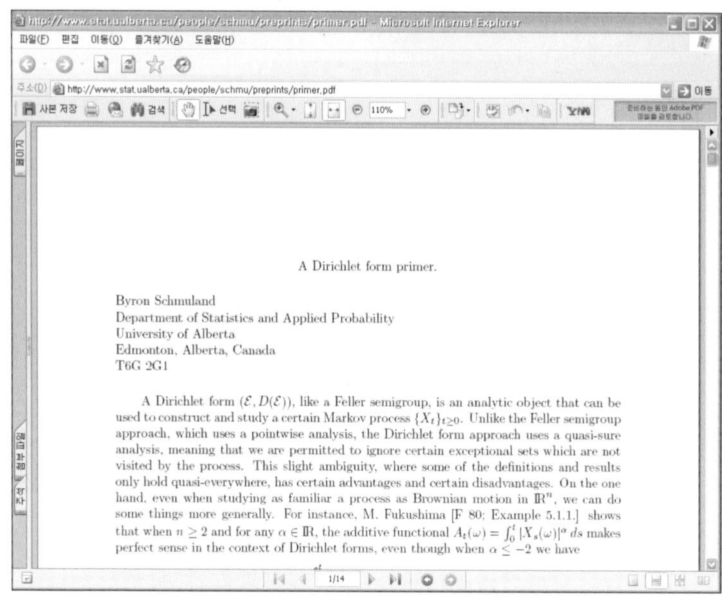

그림 4.5 구글에서 찾은 논문의 PDF 파일.

이 PDF 파일의 초록 또는 요약문을 읽어 보고 참고할 만한 자료라고 여겨지면 내려받아 전문을 읽어 볼 수 있고, 또 이 논문의 뒤에 나오는 참고 문헌 목록에서 더 많은 정보를 얻을 수 있다.

2) 인터넷 사이트를 이용해 학술지와 학위 논문 보기

일반적인 검색 사이트들은 해당 과학 기술 분야만을 위해 구축된 사이트가 아니다. 따라서 특정 과학 기술 분야에 대한 신뢰할 만한 정보를 얻기 위해서는 해당 분야의 학술지에 수록된 내용을 살펴볼 필요가 있다. 대개 특정한 분야의 중요 학술지는 두세 가지인데, 수리물리학 분야 중 통계역학 모델을 다루고 수학의 확률론 및 함수 해석학을 도구로 이용하는 분야라면 다음과 같은 학술지들을 참고할 수 있다.

- *Communications in Mathematical Physics*
- *Journal of Statistical Physics*
- *Journal of Mathematical Physics*
- *Probability Theory and Related Fields*

오늘날 대부분의 학술지들은 일반 검색 사이트를 통해 손쉽게 찾아갈 수 있다. 또 자신의 웹 브라우저에 '즐겨찾기' 설정을 해 두면 언제라도 최신의 논문을 접할 수 있다. 《수리물리학회지(*Journal of Mathematical Physics*)》의 인터넷 홈페이지에 들어가 보자. 이 학술지의 인

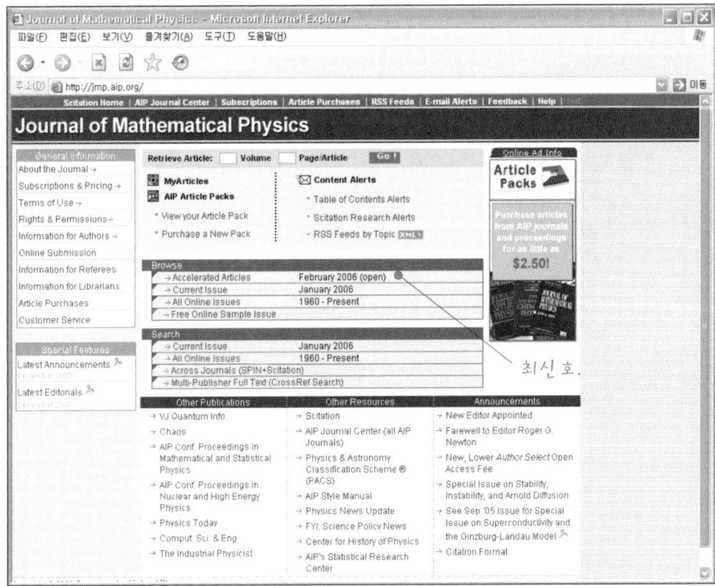

그림 4. 6 《수리물리학회지》의 홈페이지.

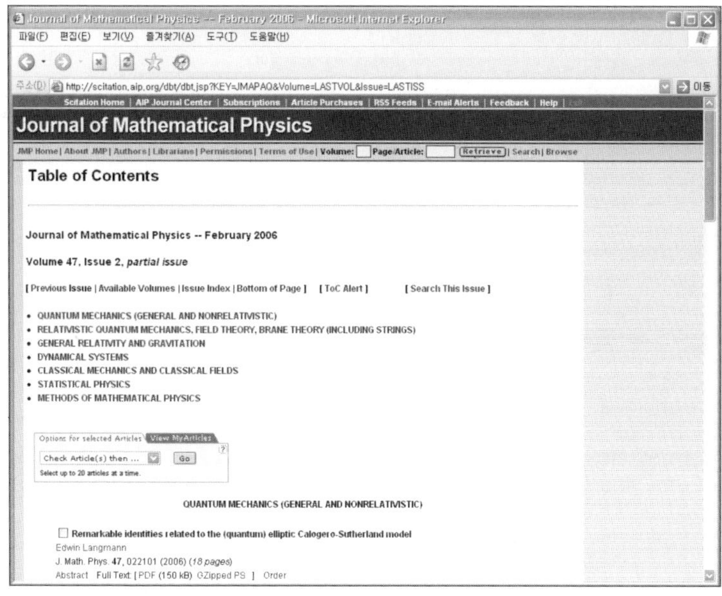

그림 4. 7 《수리물리학회지》 2006년 2월호 47권의 차례.

터넷 홈페이지(jmp.aip.org)의 첫 화면은 그림 4. 6과 같다.

　　이 학술지의 내용을 보기 위해서는 가운데 'Browse'의 'Accelerated Articles' 부분을 클릭하면 된다. 이 부분을 클릭했을 때 화면에 표시되는 그림 4. 7은 이 학술지의 최신호인 2006년 2월 호 47권의 차례이다.

　　그림 4. 7의 차례에서 47권에 실린 논문들이 무엇인지 살펴본 다음, 각 논문의 초록을 클릭해 논문의 개략적인 내용을 파악할 수 있다. 이 초록을 보고 논문의 본문을 보고 싶으면 PDF 부분을 클릭하면 된다.

　　다른 전공 영역과 관련된 학술지에서도 이와 같은 방법으로 정보나 논문을 얻을 수 있다. 다만 위에서 설명하고 있는 정보 탐색은 해당 학술지를 인터넷으로 구독하는 계약을 체결한 대학이나 기관 등

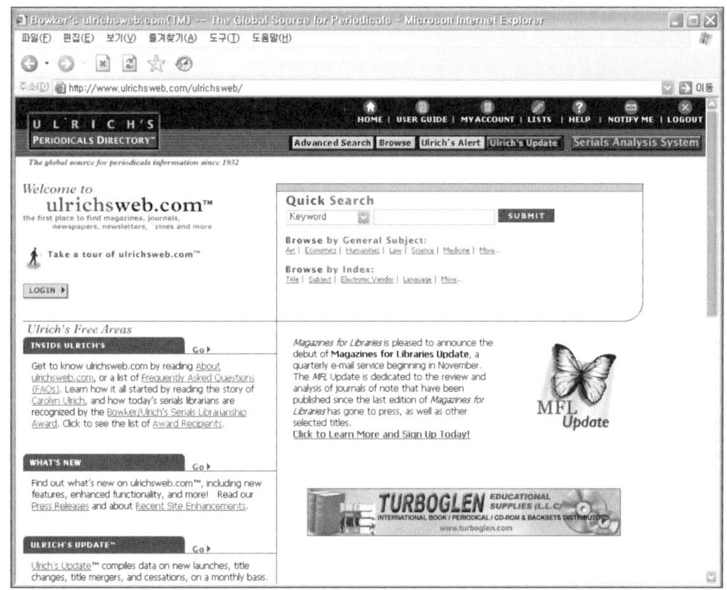

그림 4.8 울리히 정기 간행물 목록.

에서만 가능한 일이다.

만약 모든 분야의 학술지를 일람하고 그 차례와 출간 일정, 주소 및 후원 기관 등을 알고 싶다면, 울리히 국제 정기 간행물 목록(*Ulrich's International Periodicals Directory*, www.ulrichsweb.com)을 보면 된다. 이 목록은 대개 도서관 참고 열람실에 비치되어 있다. 또 특정 학술지의 목록과 내용을 어떤 데이터베이스 사이트가 제공해 주고 있는지 알려면 제이크(JAKE, jake.med.yale.edu)라는 인터넷 사이트를 방문하면 된다. 학술지 이외의 형태로 출판된 연구물들은 ISI(Institute for Scientific Information) 의 *Index to Scientific and Technical Proceedings*와 COMPENDEX 같은 문헌 편람을 이용해 검색할 수 있다.

3) 예비 논문 보기

학술지에 어떤 논문이 실리기로 결정되어 출간되기까지 꽤 오랜 시간이 걸릴 수 있다. 논문 심사에서 실제의 간행에 이르는 시간은 몇 년이 되기도 한다. 그렇기 때문에 아직 출간되지 않은 예비 논문들을 자유롭게 올리고 내려받을 수 있는 사이트들이 있다. 수리물리학 분야의 경우, 미국 텍사스 대학교가 운영하는 수리물리학 예비 논문 보관소(Mathematical Physics Preprint Archive, www.ma.utexas.edu/ mp_arc/)가 대표적인 곳이다(그림 4. 9). 수리물리학 예비 논문 보관소는 1991년부터 수리물리학 분야의 예비 논문들을 관리해 오고 있다. 여기에는 해마다 수백 편의 논문이 수록되고 있는데, 원하는 연도를 클릭하면 그 내용을 살펴볼 수 있다. 또 가장 최근의 논문을 보고 싶다면 'end of

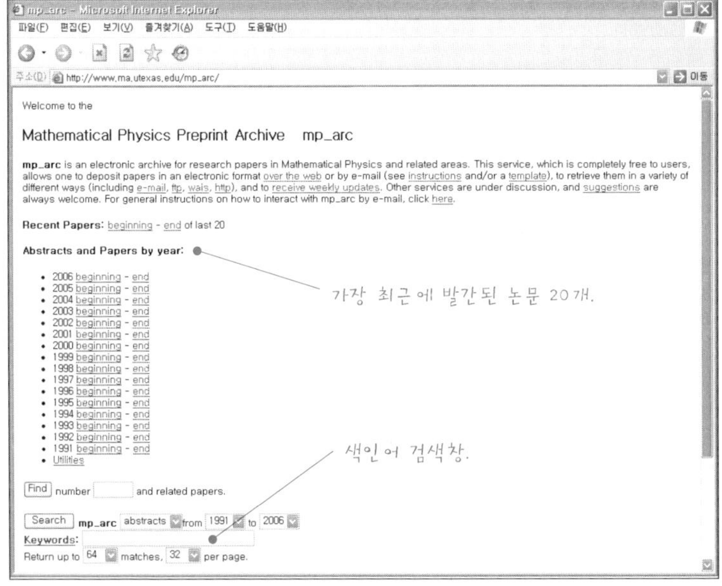

그림 4. 9 텍사스 대학교 수리물리학 예비 논문 보관소의 홈페이지(www.ma.utexas.edu/mp_arc/).

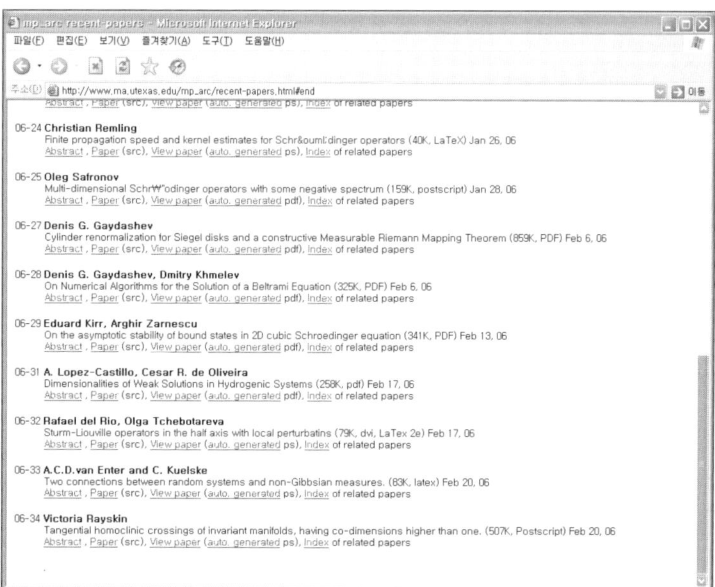

그림 4.10 텍사스 대학교 수리물리학 예비 논문 보관소의 최신 논문 20개.

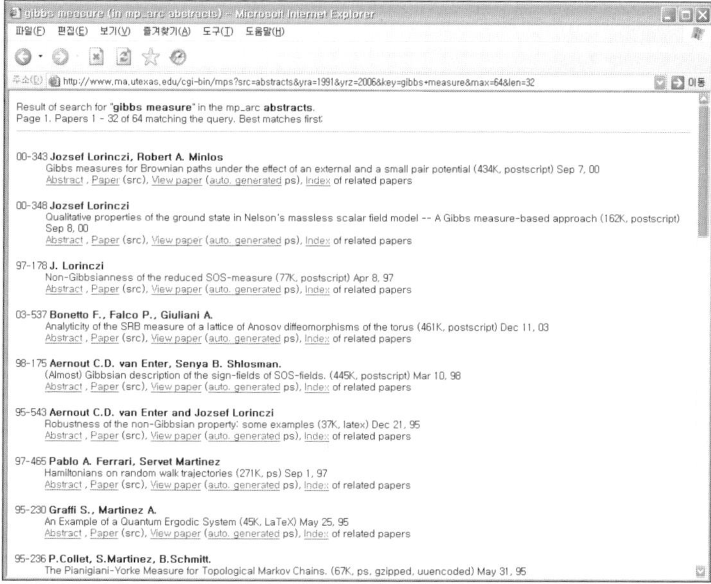

그림 4.11 'Gibbs measure'를 입력한 검색 결과 화면.

last 20' 부분을 클릭하면 된다. 그러면 그림 4. 10처럼 여러 논문이 나오고, 그 중에서 관심 있는 논문이 있으면 내려받아 전문을 읽어 볼 수가 있다.

이 사이트에서는 연도별 예비 논문들의 목록과 내용을 살펴볼 수 있을 뿐만 아니라, 키워드 검색 작업도 수행할 수 있다. 한 예로 통계 역학과 관련된 'Gibbs measure'라는 단어를 키워드로 입력하면 4. 11에서 보는 바와 같이, 그동안 이 사이트에 올랐던 예비 논문들 중에서 'Gibbs measure'라는 키워드와 관련된 논문 목록이 나타난다. 물론 검색의 대상은 인터넷이 보급되고 자료들이 전산화되기 시작한 이후 발간된 논문들로 한정된다. 한편 수리물리학을 포함하여 수리 및 이론물리학 분야 전반의 예비 논문들을 볼 수 있는 인터넷 사이트로는 xxx.lanl.gov가 있다.

4) 문헌 편람 검색하기

학위 논문의 주제를 선정하거나 연구 프로젝트 작업에 착수하기 위해 관련 전문 분야에서 발표된 최근의 연구 성과를 검색하려 할 경우, 해당 분야의 문헌 편람 자료를 찾아보는 것이 필수적이다. 일반적으로 문헌 편람에는 논문들의 목록과 요약문이 수록되어 있다. 대표적인 문헌 편람으로는 *Physics Abstracts*와 *Chemical Abstracts*, *Engineering Index* 등이 있다. 이 편람들은 각각 데이터베이스로 구축되어 인터넷에 연결되어 있는데, INSPEC이나 COMPENDEX 등의 사이트가 그것이다. 순수 과학 및 응용 과학 분야에서는 수많은 연구 성과들을 소개하는 2,000여 개의 문헌 편람들이 간행되고 있는데, 이 편람들은 차츰 온라인 데이터베이스로 구축되는 추세이다. 그림 4.

12는 각 분야별로 대표적인 과학 문헌 편람의 이름과 그것들의 인터넷 사이트 목록이다.

문헌 편람 중에는 최근 언론에서 자주 거론하는 과학 논문 색인(*Science Citation Index,* SCI)이 있다. 이 편람은 특정한 논문이 다른 논문들 속에서 인용된 빈도를 역추적해서 보여 준다. 그렇기 때문에 어떤 논문의 학문적 수준을 측정하는 주요한 수단으로 사용되기도 한다.

이와 관련해서 연구자들이 흔히 사용하는 인용 검색 방법이 있다. 인용 검색은 하나의 권위 있는 논문에서 출발해서 그 논문에 인용된 다른 논문의 목록을 모으고 검토함으로써 필요한 정보를 얻는 방법이다. 만약 특정 분야에서 권위를 인정받은 논문이나 책자, 혹은 보고서를 얻게 된다면, 추가적인 탐색을 수행하기보다 우선 그 자료를 꼼꼼하게 검토할 필요가 있다. 그것 자체가 광범위한 탐색 작업의 지침서가 될 수 있기 때문이다.

■ *Chemical Abstracts* : CAS, www.cas.org

■ *Biological Abstracts* : Biosis, www.biosis.org

■ *Science Abstracts* : INSPEC, www.iee.org

■ NASA Center for Aerospace Information Technical Report Server

■ *Index Medicus* : Medlars, www.nlm.nih.gov

■ *The Engineering Index* : www.ei.org

■ *DTIC Digest*(*Defence Technical Information Center*): DROLS, www.dtic.mil

■ *National Technical Information Service* : NTIS, www.fedworld.gov

■ *The Scientific Citation Index*(SCI) : www.isinet.com

그림 4. 12 대표적인 과학 문헌 편람과 인터넷 주소.

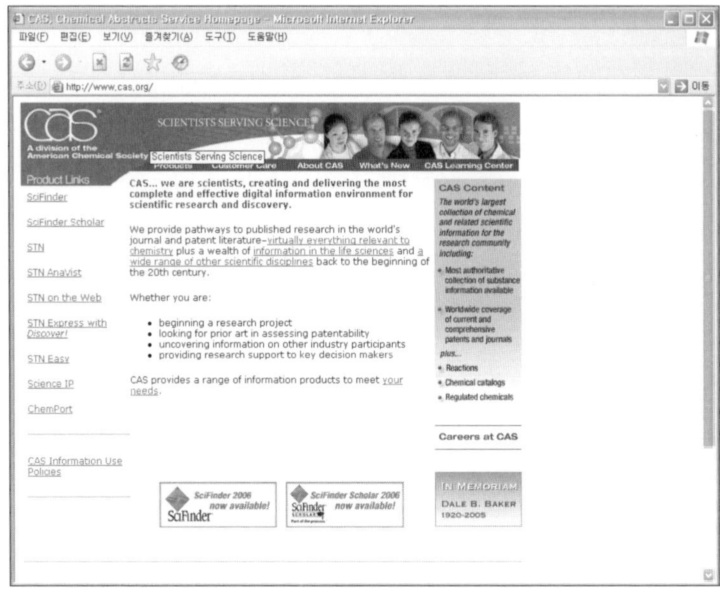

그림 4.13 CAS의 홈페이지.

5) 기타 자료들의 검색

▶ **기술 표준과 특허**　최근에는 기술 표준과 특허에 관한 방대한 문헌들도 데이터베이스화되어 인터넷으로 연결되고 있다. 특허나 기술 표준에 대한 인터넷 사이트들은 대부분의 경우 정부 기관이 운영하고 있으며 검색 서비스를 무료로 제공한다. 우리나라의 특허청이 보유한 산업 특허 및 실용 신안, 의장, 상표, 심판 관련 정보는 한국특허정보원(www.kipi.or.kr)에서 운영하는 한국산업특허정보서비스(KIPRIS, www.kipris.or.kr)를 통해 검색할 수 있다. KIPRIS에서는 미국과 일본, 유럽의 특허 정보에 대한 검색 서비스도 제공하고 있다. 한편 KS 인증을 비롯한 기술 표준에 대한 정보는 기술표준원에서 운영하는 검색 서비스(www.standard.go.kr)나 한국 표준 정보망(www.ks.or.kr)을 통해 검색

할 수 있다.

전 세계 자연과학 및 공학 분야의 특허 관련 문헌의 주제별 목록은 미국의 톰슨 사이언티픽(Thomson Scientific)이 운영하는 Derwent Innovations Index(www.isinet.com)를 통해 검색할 수 있다. 또 미국 특허 의장 사무소(U. S. Patent and Trademark Office, www.uspto.gov)는 지역 도서관의 기술 자료 목록과 특허 관련 데이터베이스를 함께 제공하며, 델피온 지적 재산권 네트워크(Delphion Intellectual Property Nework, www.delphion.com/ibm.html)는 1974년 이후 등록된 미국, 유럽, 일본의 특허 자료에 대한 그림과 전문을 제공한다. 기술 표준 조합, 정부 기관, 국제 기술 표준 조합 등에 있는 국제 기술 표준 문헌을 찾으려면 미국 국가 표준 연구소(American National Standard Institution)에서 운영하는 NSSN 데이터베이스(www.nssn.org)에 접속하면 된다.

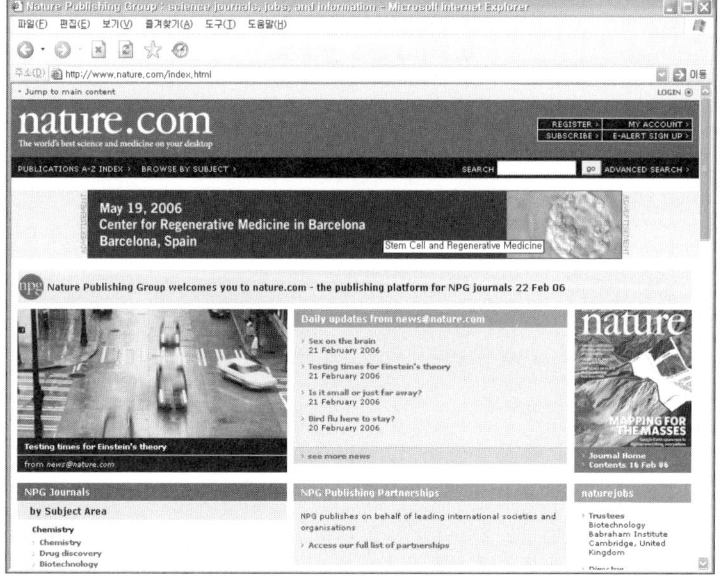

그림 4.14 《네이처》의 홈페이지.

▶ **전자 학술지** 미국 과학 진흥 협회(The American Association for the Advancement of Science)에서 발행하는 《사이언스(*Science*)》(www.sciencemag.org)나 영국의 네이처 출판 그룹이 발행하는 《네이처(*Nature*)》(www.nature.com), 그리고 생명 과학 분야의 주요 학술지인 《셀(*Cell*)》(www.cell.com) 등의 학술지들은 모두 인터넷에 연결되어 있으며 검색 서비스를 제공하고 있다. 물론 대부분의 대학이나 연구 기관은 이 학술지들을 도서관에 비치하고 있거나 인터넷 접속이 가능한 계정을 구입해 놓고 있다.

연습 문제

1. 자신의 전공 학과에서 가장 중요하게 취급되는 학술지가 무엇인지 조사하고, 그 학술지의 인터넷 사이트를 방문해서 최근에 간행된 학술지의 차례 및 내용을 살펴보자.

2. 자신의 전공 학과 교수의 이름을 키워드로 검색해 보자. 그 교수가 최근에 국내외 학술지에 발표한 논문이나 예비 논문을 PDF로 내려받아서 열어 보자.

5장 과학 글쓰기와 윤리

1. 과학과 윤리: 날조, 변조, 표절에 대하여

2002년 10월에 과학계 최대의 기만 행위가 폭로되었다. 사기꾼으로 밝혀진 사람은 루슨트 테크놀로지 산하 벨 연구소의 연구원인 얀 헨드리크 쇤(Jan Hendrik Scheon)이었다. 쇤은 고온 초전도와 나노 기술 분야에서 특히 두각을 나타내어 한때 노벨상 후보로 거론되기도 했던 신세대 스타 물리학자였다. 그는 1998년부터 4년 동안 100여 편의 논문을 썼는데, 거의 모든 논문이 다양하고 교묘한 방식으로 데이터가 날조·변조된 엉터리로 밝혀졌다. 벨 연구소는 노벨상 수상 과학자를 여럿 배출한 세계적으로 유명한 연구소이며, 문제가 된 논문들 가운데 무려 25편이 《네이처》, 《사이언스》, 《어플라이드 피직스 레터스(Applied Physics Letters)》 같은 저명한 학술지에 실렸기 때문에 과학계의 충격은 더욱 컸다.

과학 기술자가 연구를 수행하고 그 결과를 발표하는 과정에서 저지르는 부정 행위는 과학 기술계와 사회 전체에 심각한 악영향을 끼칠 수 있다. 앞서 말한 쇤 사건은 이러한 문제를 매우 분명하게 보여 주었다. 쇤의 연구 결과를 재연하고 그의 연구 방향을 뒤따라가기 위해 노력했던 여러 물리학자들은 4년의 세월을 허송한 셈이었다. 또 연구를 지원한 돈의 일부가 공공 자금에서 나온 것이라는 점도 문제였다. 그의 날조된 연구는 동료들뿐만 아니라 과학 정책 결정자나 일반 시민이 나노 기술에 대해 과장된 기대와 환상을 품게 하는 데 일조했다.

과학 기술자는 연구 및 결과 발표 과정에서 윤리적 자세를 견지해야 한다. 최근 들어 과학 기술계는 과학 기술자의 윤리적 책임을 더욱 강조하고 있다. 과학 기술자는 전문 직업인으로서 ① 과학 기술 실천의 전 과정에서 ② 고용주(의뢰인), 동료, 종업원, 기능인과의 관계

■ 연구 과정에서 나타나는 행위들

- 데이터의 선별적 기록과 보존
- 실험이나 분석 절차의 생략
- 데이터 및 자료의 도용

■ 보고 과정에서 나타나는 행위들

- 데이터의 선별 보고
- 결과의 선별 보고
- 미확인된 결과 제시
- 미완결된 실험 보고
- 결과의 중요성에 대한 과장
- 결과 및 그 중요성에 대한 자기 기만

그림 5.1 연구와 보고 과정에서 윤리적 문제를 발생시키는 행위들.

> ■ **날조**: 날조는 없는 결과를 만들어 내거나, 하지 않은 실험을 꾸며 내는 행위를 가리킨다. 실험이나 관측을 하지 않고 미리 정한 결론에 적합하도록 데이터의 전부 또는 일부를 만들어 내는 것이 대표적인 예이다.
>
> ■ **변조**: 변조는 데이터, 연구 절차, 데이터 분석 등 실험의 여러 과정들 중에서 일부를 의도적으로 조작해, 그 결과가 정당한 절차를 거쳤을 때 나오는 것과 달라지도록 만드는 일을 가리킨다. 데이터가 매우 정확한 것처럼 보이게 하려고 들쭉날쭉한 실험값들을 가지런히 조작한다든가(trimming), 이론에 들어맞는 결과만 남겨두고 다른 것은 얻지 않은 것처럼 버리는 행위(cooking)가 대표적인 예이다.
>
> ■ **표절**: 표절은 통상 다른 사람의 말이나 아이디어 등을 자신의 것인 양 속여서 이용하는 행위를 가리킨다. 아직 구두나 문서로 발표되지 않은 다른 과학자의 데이터나 아이디어를 가져다가 아무런 언급도 없이 사용하는 것도 표절이다.

그림 5.2 과학적 기만의 삼위일체: 날조, 변조, 표절.

에서 ③ 인간을 포함한 모든 생명체에 대해서, 그리고 ④ 미래 세대를 포함한 사회 전체에 대해서 윤리적으로 그릇되거나 부정적인 영향을 끼치는 것을 피하기 위해 노력해야 한다. 과학 기술자는 연구와 보고 과정에서 그림 5.1과 같은 윤리적 문제가 잇는 행동들을 할 수 있다. 그러나 연구와 보고 과정에서 정직성과 완전성을 유지하는 것은 과학 기술자의 윤리적 책임 가운데 중요한 한 부분이다.

　연구 결과의 보고 과정에서 많이 발생하는 기만 행위에는 날조, 변조, 표절이 있다. 이 밖에 연구를 제안하고 수행하며 발표하고 심사하는 과정에서 행한 고의적인 허위 진술도 기만 행위에 포함된다. 이 허

연구 결과를 발표할 때 지켜야 할 저자의 윤리적 의무

1. 저자는 연구의 중요성을 객관적으로 검토해야 할 뿐만 아니라 수행한 연구에 대해서도 정확하게 설명해야 한다.

2. 학술지의 발간은 상당한 비용과 시간이 들어가는 작업이다. 저자는 학술지의 지면이 귀중한 자원이라는 점을 인식하고 그것을 효율적으로 사용할 의무가 있다.

3. 연구 보고서에서는 동료들이 그 작업을 재연할 수 있도록 공개할 수 있는 정보는 최대한 공개해야 한다. 따라서 연구의 세부 내용을 가능한 한 구체적으로 기술해야 하며 충분한 참고 문헌을 실어야 한다. 요구가 있을 경우, 저자는 클론, 세포주, 항체처럼 다른 곳에서는 입수할 수 없는 특수한 샘플을 다른 연구자에게 제공하기 위해 온당한 노력을 기울여야 한다. 이때 저자의 정당한 이익을 보호하려면 그 자료의 사용 분야를 제한하는 적절한 자료 이전 협약을 맺어야 한다.

4. 저자는 보고된 작업의 특징을 결정하는 데 영향을 끼친 간행물과 현재 연구를 이해하는 데 필수적인 선행 작업이 무엇인지를 독자들이 신속하게 파악할 수 있는 간행물을 인용해야 한다. 보고된 연구와 관련이 없는 작업에 대한 인용은 최소한으로 제한해야 한다. 저자는 밀접히 관련된 작업을 기술하는 원 간행물을 찾고 인용하기 위해 문헌 탐색을 수행해야 한다. 작업에 이용된 중요한 자료는 그 출처를 언급해 주어야 한다.

5. 저자는 연구에 사용된 화학 시료, 실험 장비 또는 방법에 내재한 모든 위험 요소들을 정확하게 알려 주어야 한다.

6. 연구 보고서를 조각내어 발표해서는 안 된다. 하나의 시스템 혹은 관련된 시스템들의 집합으로 확장된 작업을 수행한 과학자는 각각의 보고가 전체 연구의 특징을 두루 설명해 줄 수 있도록 보고서를 조직해야 한다. 연구 보고서를 조각내어 발표하게 되면 학술지의 지면이 필요 이상으로 소모되고 문헌 탐색이 지나치게 복잡해진다. 관련된 연구 보고서가 게재된 저널이 하나이거나 적을 경우에 독자의 문헌 탐색이 쉬워진다.

7. 원고를 제출할 때 저자는 편집이 고려되고 있거나 인쇄 중인 관련 원고들에 대해 편집자에게 알려야 한다. 원고의 복사본을 편집자에게 제공하고 그것과 제출한 원고 사이의 관계를 알려 주어야 한다.

8. 한 저널에서 반려되거나 거부된 원고를 다시 제출하는 경우를 제외하면 근본적으로 동일한 연구 보고서를 둘 이상의 학술지에 제출하는 것은 부적절한 일이다. 같은 작업에 관해 이미 공표된 짧은 예비 발표를 확장하여 원고로 제출하는 일은 보통 허용된다. 그러나 그러한 원고를 제출할 때에는 편집자에게 그 예비 발표에 대해 알려 주고 예비 발표를 해당 원고에서 인용해야 한다.

9. 저자는 인용하거나 제공한 모든 정보의 출처를 알려야 한다. 대화나 편지, 또는 제3자들과 함께한 토론처럼 사적인 경로를 통해 얻은 정보를 처음 창안한 연구자의 명백한 허가 없이 사용하거나 기재해서는 안 된다. 원고 심사나 연구 지원금 신청같이 비밀을 지켜야 하는 업무 과정에서 얻은 정보 역시 비슷하게 취급되어야 한다.

10. 어떤 연구에서는 때때로 다른 과학자의 저작에 대한 비판, 심지어 혹독한 비판도 정당화된다. 적절한 비판은 논문으로 공표할 수 있다. 그러

나 어떤 경우에도 사사로운 비판은 적절하지 않다.

11. 논문에 공저자가 있을 경우, 논문에 중요한 과학적 공헌을 하고 결과에 대한 책임과 책무를 공유하는 사람들 모두를 논문의 공저자에 포함해야 한다. 그 외의 도움을 준 사람들은 주석이나 '감사의 말' 부분에 표시한다. 연구와 관련된 행정상의 도움을 준 사람은 공저자로 표시하지 않고 다른 식으로 표시한다. 공저자가 고인이 되었을 경우에는 사망일을 기록한 주석을 붙여 공저자에 포함시켜야 한다. 어떤 거짓 이름도 저자나 공저자로 올려서는 안 된다. 발표하기 위해 원고를 제출한 저자는 적절한 모든 사람을 공저자로 포함하고 부적절한 사람을 포함하지 않을 책임을 받아들이는 것이다. 원고를 제출하는 저자는 모든 살아 있는 공저자에게 원고의 초고 복사본을 보내야 하고 그 원고의 저작권 공유에 대해 공저자의 동의를 받아야 한다.

12. 저자는 원고에 담긴 정보나 결과가 공개되었을 경우 영향을 끼칠 수 있는 계약적 관계나 경제적 이해 관계가 없다는 것을 보증해야 한다.

위 진술에 대해 당사자는 윤리적 · 법적 책임을 져야 한다.

2. 인용과 출처 밝히기: 나의 것과 남의 것 구별하기

남의 논문이나 책을 참고하고 비판하면서 자신의 생각을 발전시키는 것은 지식 형성의 매우 자연스러운 과정이다. 그러나 남의 생각이나 글을 가져다가 마치 자신의 것처럼 써서는 안 된다. 여기에서 올바른 인용의 필요성이 제기된다.

다른 사람의 생각이나 문구를 빌려올 때에는 반드시 출처를 밝혀야 한다. 출처를 밝히는 것은 학문 공동체 구성원으로서 반드시 갖추어야 할 공정한 태도이다. 이 규칙을 지키지 않으면 표절이 된다.

미국 심리학회, 미국 화학회, 시카고 대학교, 하버드 대학교 등이 발행하는 대표적인 간행 매뉴얼들에는 논문이나 책을 쓸 때 저자가 지켜야 할 윤리 지침이나 규칙이 명시되어 있다. 우리나라의 이공계 학회들도 인용과 출처 밝히기 관련 규정을 마련해 놓고 있다.

인용과 출처 밝히기에 관한 일반적인 규정은 다음과 같다. ① 책, 논문 그리고 인터뷰 등에서 얻은 자료를 사용할 때에는 아이디어나 개념 혹은 문구를 빌려 쓴 바로 그 자리에서 그 출처를 밝혀 주어야 한다. ② 참고 문헌 목록에서 참고 및 인용 자료의 서지 사항이나 그 밖의 자료 출처를 완전한 형태로 다시 적어 주어야 한다.

1) 책이나 논문의 인용

▶ **저자의 표현이나 개념을 자신의 것으로 바꾸어 설명하는 경우**

현대인은 과학을 물질적 부와 힘의 원천으로 받아들였을 뿐 과학의 윤리와 메시지를 받아들이지는 않았다(김용준, 1995, 162~175쪽).

▶ 짧게 인용하는 경우

「현대 과학의 위상과 윤리」라는 글에서 김용준(1995, 174쪽)은 "결정론적이고 인과론적이며 연속적이고 항구적이고 획일성을 띤 언어는 이미 우리 주변에서 그 모습을 감춘 지 오래"라고 말한다.

▶ 길게 인용하는 경우

김용준(1995, 174쪽)은 현대 과학이 우리에게 가져다준 메시지를 아래와 같이 요약했다.

> 결정론적이고 인과론적이며 연속적이고 항구적이고 획일성을 띤 언어는 이미 우리 주변에서 그 모습을 감춘 지 오래다. 오늘의 과학은 보편성 대신에 한계성을, 절대성 대신에 상대성을, 완전성 대신에 상보성(相補性)을, 확정성 대신에 불확정성을, 연속성 대신에 불연속성을, 단일성 대신에 이중성을, 필연성 대신에 우연성을, 그리고 가역성 대신에 비가역성을 우리에게 제시하고 있다.

이처럼 문장을 짧게 인용하든, 길게 인용하든, 직접 인용하든 언제나 개념이나 용어 또는 문장을 인용한 그 자리에서 바로 출처를 표기한다. '(김용준, 1995)'나 '김용준(1995, 174쪽)' 모두 김용준이 1995년에 쓴 문헌을 가리키는데, 이것이 정확하게 무엇인지는 참고 문헌 목록에서 정확하게 밝혀 주어야 한다.

참고 문헌

김용준, 「현대 과학의 위상과 윤리」, 『갈릴레오의 고민』, 솔, 1995.

2) 그 밖의 자료 인용

　공식 출판된 문헌 외에 인터넷이나 인터뷰 또는 개인적인 대화나 전자 우편에서 아이디어나 개념 또는 문구를 빌려올 때나 판례, 법령, 증언 등 법적 자료를 가져올 때에도 출처를 밝혀 주어야 한다.

3. 표절 피하기: 남의 글을 탐내지 마라

　학술지에 발표하는 논문이나 연구 성과는 물론 학부 과정의 학습 보고서나 과제, 대학원에서 학기말 과제로 제출하는 소논문 역시 표절의 검토 대상이다. 이런 글을 쓸 때에는 누구든지 엄격한 자기 윤리와 함께 인용 원칙이나 방법을 정확하게 숙지하고 있어야만 표절을 원천적으로 피할 수 있다. 그림 5. 3의 경우는 표절에 해당한다.

　아울러 학생들을 포함한 모든 연구자들은 자신의 연구 결과를 논문, 저서, 보고서 등으로 발표할 때 다른 사람의 업적이나 기여를 존

- 다른 사람의 창작물 전부를 자신의 이름으로 발표하는 행위
- 다른 사람의 독창적인 아이디어나 중요한 용어 등을 출처를 밝히지 않은 채 자신의 것처럼 활용하는 행위
- 네 어절 이상을 출처를 밝히지 않고 똑같은 순서로 반복·나열하는 행위
- 다른 사람의 말을 편집하거나 바꾸어 자신의 것처럼 서술하는 행위
- 그림이나 표, 사진 등을 무단으로 이용하는 행위

그림 5. 3 표절에 해당되는 행위들.

- 자기 자신의 어휘나 생각을 활용하라.
- 개작하거나 말을 바꾸려고 하지 말고 다른 사람의 업적이나 기여를 그대로 인정하라.
- 다른 사람의 저작에서 어휘를 바꾸거나 문장을 편집하는 등 장식적인 변화를 꾀하지 마라.
- 많은 사람들이 알고 있는 사실, 즉 상식에 대해서는 일일이 인용할 필요가 없다. 그러나 그에 수반된 구체적인 사실에 대해서는 반드시 인용을 하고 출처를 밝혀라.
- 어떤 경우든 자신의 의견이 아닌 경우에는 반드시 인용을 하라.

그림 5.4 표절을 피하기 위한 기본 요령.

중하려는 의식을 가지고 있어야 한다. 그리고 의식적이든 무의식적이든 선행 연구의 내용과 결과를 왜곡하여 인용해서도 안 된다.

표절은 어떤 경우든 불법 행위이며, 표절로 판명될 경우 누구든 적절한 절차에 따라 징계를 받게 된다. 표절을 방지하기 위해서는 무엇보다 정확한 인용 방법을 잘 알아두는 것이 중요하다. 또 표절을 피하기 위해서는 그림 5. 4와 같은 사항들에 유의해야 한다.

4. 저작권법

저작권법은 창작을 보호하고 무분별한 복제와 표절 같은 저작물의 도용을 막기 위해 "타인 저작물 이용자의 저자 이름 표시 의무"(제12조 제2항), "공표 저작물 이용에서의 교육 연구 등 조건 준수 의무"(제

25조), "원전 출처를 명시할 의무"(제34조), "무단복제처벌 등 벌칙"(제98조) 등을 규정하고 있다. 아울러 국제 조약인 저작권 조약은 국내 저작물뿐만 아니라 외국 저작물에 대한 복제도 규제하고 있다. 국내외를 막론하고, 남의 저작권을 함부로 침해해서는 안 되는 것이다.

저작권의 침해는 저작권자의 허락 없이 그 저작물을 복제, 배포, 공연하는 행위를 하고 그러한 행위가 "정당한 인용" 등의 예외에 해당되지 않는 것을 말한다. 타인의 저작물과 완전히 동일한 사본을 만들어서 이용하는 경우에는 저작권 침해 여부를 쉽게 판단할 수 있다. 그러나 타인의 저작물과 완전히 동일하지 않은 경우에는 표절 또는 저작권 침해 여부가, 저작권법상 아이디어/표현 이분법(idea/expression dichotomy) 및 공정 이용(fair use)의 문제와 결합되어 해석상 아주 어려운 문제가 된다. 예컨대, 타인의 저작물일지라도 다른 예술 표현이나 저작을 위한 인용은 법이 정하는 범위 안에서 인정되고 있다.

예를 들면, 저작권법 제12조 제2항은 "저작물을 이용하는 자는 그 저작자의 특별한 의사표시가 없는 때에는 저작자가 그의 실명 또는 이명을 표시한 바에 따라 이를 표시하여야 한다."라고 규정하고 있다. 이 조항에 따르면 타인의 저작물을 이용하여 글을 쓰면서 출처를 표시하지 않고 자기 글처럼 쓰는 것은 표절에 해당한다.

그런데 학술적인 논문이나 언론 보도를 위한 기사나 비평 등을 쓸 때에 타인의 저작물을 합법적으로 인용하기 위해서는 몇 가지의 기본적인 전제 조건이 따른다. 예컨대 인용되는 글과 인용하는 글이 확실하게 구분되어야 한다. 그리고 인용되는 글이 저작물을 대부분을 이루어서도 안 된다.

자신의 저작물 가운데 소개하거나 참조, 평론, 그 밖의 목적으로 타인의 저작물의 일부를 기록·수록·녹음하는 것은 합법적인 인용이다. 따라서 타인의 저작물을 원저작자의 동의 없이 자신의 저작물의 소재로 이용하는 것이 불가능한 것은 아니지만, 그런 경우 어디까지나 원저작물의 표현형식상의 특징을, 그 자체로서 직접 알 수 있는 형태로 사용하지 않으면 안 된다.

일반적으로 저작권 관련 분쟁에서 피고가 원고의 저작물을 보거나 감상하고 그 아이디어와 표현을 모방할 수 있었다는 점이 입증되고 더 나아가 원고와 피고의 작품이 동일하거나 실질적으로 유사하기 때문에 저작물의 도용이 있었다고 볼 수 있는 경우에 저작권 침해가 성립된다고 보는 것이 국내외 판례와 학설의 기준이다. 일단 피고가 원고의 저작물에 접근·의거했다는 점과 원·피고의 작품이 동일하거나 실질적으로 유사하다는 점이 원고에 의해 입증되면, 피고는 자신이 독자적으로 창작했다고 하는 것을 반증하지 못하는 한 무단 복제의 책임을 면할 수 없게 된다. 즉 "저작물에의 접근과 실질적 유사성"이라는 기준은 저작권 침해 또는 소위 표절 여부를 판단하기 위한 실용적인 기준으로 확립된 것이다.

그러나 저작권법이 정의하는 표절에는 근본적인 한계가 있으며, 더구나 이것이 피해자가 고소해야 하는 친고죄(親告罪)이기 때문에 우리나라에서는 표절 시비를 소송을 통해 해결한 사례가 많지 않은 편이다. 또한 표절 여부를 판단하는 작업은 미학적이거나 전문적인 영역에 속하는 것이기 때문에, 작품 분석과 이해에 정통해 있어야 한다. 이와 같이 표절의 기준이 본질적으로 주관적일 수밖에 없기 때문에, 명확한 법적 기준을 제시하는 것은 아주 어려운 게 현실이다.

연습 문제

1. 1953년 크릭과 함께 DNA의 이중 나선 구조를 발견했던 영국의 분자 생물학자 제임스 왓슨은 자신의 책 『이중 나선』에서 노벨상을 타기 위하여 자신들의 연구 상황을 거짓으로 흘리거나 경쟁적인 연구팀의 연구 결과를 알아내기 위해 고도의 술책을 사용했다고 밝혀 세상 사람들의 비난을 받기도 했다. 그렇다면 그들이 경쟁 연구팀과 공정하게 경쟁했느냐 그렇지 않았느냐의 여부는 과연 그들이 밝혀낸 결과의 중요성을 어떤 경우에도 훼손할 수 없는 것인지 토론하고, 이 토론을 바탕으로 자신의 입장을 드러내는 글을 써 보자.

2 '연구 윤리'와 관련하여 아래의 글을 읽고 토론해 보자.

　　김 연구원은 C 제약 회사에서 일하고 있다. 김 연구원이 속한 연구소는 오래전부터 신물질 개발에 노력해 왔는데, 이제 막 그 결실이 맺어지려는 순간이다. 최근 국내외 경제 사정이 좋지 않은데다 당분간 회복될 분위기도 없자 회사 내부에서는 구조 조정 이야기가 나돌고 있다. 그래서 연구소뿐만 아니라 기업의 다른 조직에서도 은근히 신물질 개발이 빨리 가시화되기를 학수고대하고 있는 눈치이다.

　　그런데 김 연구원에게는 고민이 있다. 팀장의 지시에 따라 김 연구원은 같

은 팀의 박 박사, 이 박사와 함께 예측 결과를 만족시키지 않는 실험 결과들을 일부 삭제했다.

김 연구원으로서는 그와 같은 실험 데이터 삭제가 어떤 결과를 낳을지에 대해 확신할 수 없는 상황이다. 그래서 연구팀장에게 조심스럽게 이야기를 꺼냈다. 그러나 연구팀장은 괜히 긁어 부스럼 만들지 말고 조용히 있으라고 한다. 박 박사와 이 박사는 아무 말도 하지 않고 있다. 조금 전 연구소장이 팀원들을 불러 놓고, 이번 일만 잘 되면 회사에서 특별 상여 지급과 승진이 예정되어 있다고 힘주어 말했다. 우리 팀의 모든 사람들이 기뻐하고 있다.

김 연구원은 아무래도 마음이 편하지 않다. 사람의 생명을 다루는 의약품을 개발하는 일인데 가만히 있어도 될까? 김 연구원은 어떻게 해야 할까?

3. 국내외의 표절 사례를 찾아 그 글이 어떤 점에서 표절에 해당하는지 구체적으로 설명해 보자.

6장 과학 글쓰기의 문장 표현

1. 과학 문장의 힘: 명확성, 일관성, 간결성, 객관성

과학 문장은 과학 기술자가 말하려는 생각을 과학적인 방법으로 기술하는 데에 도움이 되어야 한다. 과학 문장을 바르게 쓰는 것, 즉 정확하고 명쾌하고 간결하게 쓰는 것은 원활하고 효율적인 의사소통을 위한 기본적인 조건이다.

과학 문장은 보편적이고 객관적이어야 한다. 과학적인 글에서 모호한 표현을 써서 독자로 하여금 추측을 하게 만드는 것은 바람직하지 않다. 자신의 주장을 반복하거나 강조하기 위해 수사적인 방법을 써서는 안 된다. 과학 기술자는 명확한 증거와 논리적 주장만으로 독자를 설득해야 한다. 과학 기술자 자신이 충분히 납득하지 못한 것을 써서는 안 된다. 과학적인 글은 과학 기술자가 연구를 수행하는 방식을 반영하기 때문이다.

과학 글쓰기의 주된 기능은 설명이다. 과학 기술자는 독자들의 지식 정도와 관심사를 파악하여 자신이 발견하고 결론 내린 것들이 무엇이며, 그 가치가 어떤 것인지를 설명해야 한다. 그러기 위해서 과학 문장은 설명력이 강해야 한다. 과학 문장은 단어의 의미나 표현이 명확하고, 주어와 서술어가 적절한 관련을 맺으며 일정한 질서를 가지고 일관성 있게 배열되어야 한다. 하나의 문장은 하나의 생각만을 나타내야 하며, 습관적이거나 불필요한 표현을 피하여 간결하게 써야 한다. 지나친 단정도 근거 없는 과장만큼 위험하다. 과학 글쓰기의 설명력은 명확성, 일관성, 간결성, 객관성에서 나온다.

2. 명확성

과학 글쓰기에는 문제를 진술하고, 가설을 세우고, 연구 조사를 계획하고, 그것을 실행하는 과정이 포함된다. 이러한 일련의 과정은 과학적 방법에 의거한 명료한 사고에 따라서 이루어져야 한다. 따라서 과학 글쓰기의 표현은 정확해야 하고 기술은 구체적이어야 한다. 과학 글쓰기에서는 측정 결과나 계산 과정을 제시해야 하는 경우가 흔하다. 이 경우 공식적으로 규정된 용어를 사용해야 하며, 세심하게 선택된 단어를 사용할 필요가 있다.

1) 연구 대상의 조건을 분명하게 제시해야 한다

과학 연구의 결과는 연구 조건이나 실험 조건을 어떻게 설정하는가에 따라 달라진다. 그러므로 연구 결과를 제대로 이해하게 하기 위해서는 그러한 결과가 도출된 조건을 분명히 제시해야 한다.

　　컴퓨터 시뮬레이션을 이용한 이 연구에서는 CO_2를 354ppmv로 고정시킨 제어 실험과 IPCC의 IS92a 시나리오에 따른 점증 실험을 각각 300년 실행했다.

　　앞의 문장에서 실험을 실행한 '300년'이 무엇을 나타내는지 명확하게 알 수가 없다. 문맥상 '300년'은 실험을 실행한 조건으로, 300년의 기간을 설정하고 실험했음을 의미한다. 그러므로 '300년의 기간을 설정하여'라고 명시해 주어야 한다.

　　한편, 기간을 300년으로 설정했다고 해도 그 기간을 언제부터 언제까지로 잡았느냐에 따라 조건이 달라져 연구 결과가 달라진다면 그 기간이 언제부터 언제까지인지를 명확하게 밝혀 주어야 한다. 이 글이 실린 논문에서 실험 결과를 나타낸 표를 참조해 보면, 그 기간이 1860년부터 2160년까지임을 알 수 있다. 이러한 사실을 바탕으로 위의 문장을 명확하게 바꾸어 쓰면 다음과 같다.

　　컴퓨터 시뮬레이션을 이용한 이 연구에서는 CO_2를 354ppmv로 고정시킨 제어 실험과 IPCC의 IS92a 시나리오에 따른 점증 실험을 각각 1860년부터 2160년까지 300년의 기간을 설정하여 실행했다.

　　이처럼 과학 기술자는 독자가 정확하게 글을 이해할 수 있도록 조건이나 근거가 되는 내용을 명확하게 밝혀 주어야 한다.

2) 과학적 사실 판단은 분명한 단어로 표현해야 한다

과학 기술자는 과학적 사실이나 증거나 실험 방법 등을 분명하게 제시하여야 하며, 자신의 판단이나 주장을 직접적이고 분명하게 표현해야 한다. 수사적이거나 막연한 표현은 과학 글쓰기에 적합하지 않다.

주관적인 표현.

　따라서 대역이 제한된 채널에 부호화 기법을 적용한다는 것은 사실상 어려운 실정이다.

　앞의 문장에서 글쓴이는 '대역이 제한된 채널에 부호화 기법을 적용한다'는 실험 방법에 대해 '사실상 어려운 실정이다'라고 표현하고 있다. '어렵다'라는 표현은 '할 수 없다', '불가능하다'라는 의미와 함께 '그래도 가능성이 있다', '전혀 불가능한 것은 아니다'라는 의미를 내포한다. 그러므로 '어렵다'라는 표현은 모호한 진술이다. 만약 어떤 상황이나 조건에서도 '가능하지 않다'는 뜻이라면 다음과 같이 바꾸어 써야 한다.

　따라서 대역이 제한된 채널에 부호화 기법을 적용한다는 것은 불가능하다.

　일상에서는 흔히 상황에 따라 여러 의미로 해석되거나 그 의미가 모순되는 표현을 쓰기도 한다. 그러나 과학 글쓰기에서는 이러한 표현을 써서는 안 된다. 과학 기술자는 자신들의 판단이 명확히 드러나는 단어를 찾아 표현하여야 한다. 따라서 '가능한', '아마도', '~될 것 같은', '~라고들 흔히 말한다', '~으로 보인다'와 같은 표현은 사용하지 않는 것이 바람직하다.

3) 문장에는 주어와 목적어가 분명하게 나타나야 한다

하나의 문장은 주어, 또는 주어와 목적어가 반드시 있어야 한다. 우리말에서는 주어나 목적어가 전제되었을 때 문맥에 따라 주어나 목적어를 생략할 수 있다. 그러나 그렇지 않은 경우에 주어나 목적어가 없으면 완전한 문장이 아니므로 문장의 내용을 이해할 수 없게 된다.

DDFS를 위한 CORDIC 시뮬레이션

시뮬레이션의 목적은 실수로 표현되는 알고리듬을 하드웨어로 구현하기 위한 부호 있는 고정 소수점 수 체계로 검증하는 동시에, SFDR 사양을 만족시키기 위한 내부 datapath wordlength와 CORDIC의 단수 결정을 하는 데에 있다. 결정된 구조를 시뮬레이션하는 과정이 아니고, 목적으로 하는 DDFS에 가장 적합한 구조를 결정하기 위해 여러 가지 경우에 대해 반복적으로 시뮬레이션하는 과정이기 때문에 C 언어를 사용하여 검증했다.

앞의 글에서 첫 문장은 목적어가, 다음 문장은 주어가 없어서 무엇을 말하는지 알 수가 없다. 이 글의 제목은 'DDFS를 위한 CORDIC 시뮬레이션'이다. 이러한 사실을 바탕으로 볼 때, 앞의 글은 다음과 같이 고쳐 써야 한다.

DDFS를 위한 CORDIC 시뮬레이션

시뮬레이션의 목적은 실수로 표현되는 알고리듬을 하드웨어로 구현하기 위한 부호 있는 고정 소수점 수 체계로 DDFS에 사용되는 CORDIC 연산기를 검증하는 동시에, SFDR 사양을 만족시키기 위한 내부 datapath wordlength와 CORDIC의 단수 결정을 하는 데에 있다. DDFS를 위한 CORDIC 시뮬레이션은 결정된 구조를 시뮬레이션하는 과정이 아니고, 목적으로 하는 DDFS에 가장 적합한 구조를 결정하기 위해 여러 가지 경우에 대해 반복적으로 시뮬레이션하는 과정이기 때문에 C 언어를 사용하여 검증했다.

과학 기술자는 글을 쓸 때, 늘 주어나 목적어 같은 주요한 정보가 빠지지 않게 세심한 주의를 기울여야 한다. 주어와 목적어는 문장의 내용을 이해하는 데 중요한 요소이기 때문이다.

4) 꾸미는 말은 꾸밈을 받는 말 바로 앞에 놓는다

우리말은 꾸미는 말이 꾸밈을 받는 말 앞에 놓인다. 꾸밈을 받을 수 있는 말이 여러 개일 경우에 의미가 명확하지 않은 문장이 만들어진다.

코노돈트 미화석은 보통 석회암층에서 관찰할 수 있다.

위의 문장은 두 가지 의미로 해석된다. '보통'이 '석회암층'을 꾸미며 코노돈트 미화석은 '특별한 석회암층'이 아니라 '보통 석회암층'에서 관찰할 수 있다는 의미로 해석되기도 하고, '보통'이 '관찰하다'를 꾸미며 '석회암층'에서 일반적으로 관찰할 수 있다는 의미로 해석되기도 한다. 이러한 의미의 모호함은 다음과 같이 바꾸어 쓰면 없어진다.

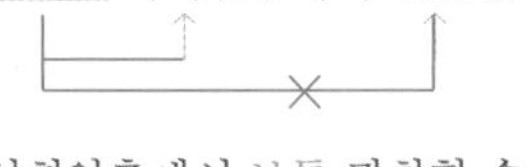

　'보통'에 '의'를 붙이면 바로 뒤에 오는 '석회암층'만 꾸미게 되며, '보통'을 '관찰하다' 앞에 놓으면 '관찰하다'만 꾸미게 된다. 이처럼 꾸미는 말의 속성을 정확하게 이해하면 글의 모호함을 줄이고 명확한 글을 쓸 수 있다.

3. 일관성

　문장을 구성하는 어절은 서술어와 밀접한 관련을 맺으며 우리말의 배열 원칙에 따라 위치가 정해진다. 과학 기술자는 글을 쓸 때에 단어의 배열과 문장의 배열에 세심한 주의를 기울임으로써, 자신의 생각을 오해 없이 이해시키고 자신의 주장을 정확하게 전달하려고 노력해야 한다.

1) 주어와 서술어를 일치시킨다

　하나의 완성된 생각은 하나의 문장으로 나타난다. 문장을 구성하는 가장 중요한 뼈대는 주어와 서술어이다. 우리말은 '무엇이 어찌한다.', '무엇이 어떠하다.', '무엇이 무엇이다.'의 주어-서술어 관계를 가진다.

이 그림은 엘리뇨가 강력한 시기들과 미약한 시기들이 지구 온난화와 상관없이 일어나고 있음을 보여 준다.

앞의 문장을 보면, 주어인 '시기들'의 서술어는 '일어난다'이다. 그러나 주어인 '시기들'은 서술어인 '일어난다'와 의미적으로 일치하지 않는다. 그래서 앞 문장의 내용을 쉽게 이해할 수 없는 것이다. 앞 문장에서 찾을 수 있는 가능한 주술 관계는 '엘리뇨가 …… 일어난다'이거나 '엘리뇨의 강약이 …… 상관없다'이다.

'엘리뇨가 …… 일어난다'로 주술 관계를 일치시켜 문장을 바로잡으면 다음과 같다.

이 그림은 강한 엘리뇨와 미약한 엘리뇨가 지구 온난화와 상관없이 일어나고 있음을 보여 준다.

또 '엘리뇨의 강약이 …… 상관없다.'로 주술 관계를 일치시켜 문장을 바로잡으면 다음과 같다.

이 그림에서 엘리뇨가 강력했던 시기와 미약했던 시기를 살펴보면 엘리뇨의 강약은 지구 온난화와 상관없음을 알 수 있다.

문장에서 주어와 서술어는 문장의 내용을 이해하는 데 중요한 구실을 한다. 특히 과학 글쓰기에서는 정보를 정확하게 전달해야 하므로 주어와 서술어를 일치시키는 것이 무엇보다 중요하다.

2) 논리적 관계를 명확히 밝힌다

과학 연구의 결과는 여러 사실이나 증거를 바탕으로 한다. 그러나 이 사실이나 증거를 단순히 나열해서는 그 의미를 제대로 전달하거나 이해시킬 수 없다. 우리말에서 사실이나 증거를 계기적으로, 또는 논리적으로 연결시켜 주는 것은 조사와 어미이다. 조사나 어미를 잘못 쓰게 되면 독자들은 글쓴이의 의도를 제대로 이해하지 못하거나 잘못 이해하게 된다.

앞의 내용과 뒤의 내용이 등가 관계가 아니다.

특히 천동리층은 층서 구간이 정확하게 구분되어 있지 않으며, 이곳에 대한 유일한 고생물학적인 연구(Kobayashi, 1958)에서도 표본 채취 위치에서 많은 문제점이 발견된다. 따라서 천동리층의 층서 구간을 정확히 확인하는 것이 필요하다.

앞의 첫 문장은 '천동리층의 층서 구간이 정확하게 구분되어 있지 않다.'는 사실과 '천동리층에 대한 유일한 고생물학적인 연구(Kobayashi, 1958)조차도 표본 채취 위치에서 많은 문제점이 발견된다.'라는 사실을 어미 '-며'로 연결시켜 놓았다. '-며'는 서로 등가인 두 내용을 연결할 때 쓰인다. 그러나 앞글에서 '-며'로 연결된 두 내용은 등가인 관계가 아니다. 앞의 내용은 글쓴이의 주장이고, 뒤의 내용은 앞 내용을 뒷받침하기 위한 설명이다.

이러한 점을 고려하여 이 글을 바꾸어 보자.

특히 천동리층은 층서 구간이 정확하게 구분되어 있지 않다. 이곳에 대한 유일한 고생물학적인 연구(Kobayashi, 1958)에서도 표본 채취 위치에서 많은 문제점이 발견되는 것도 이 때문이다. 따라서 연구에 앞서 천동리층의 층서 구간을 정확히 확인하는 것이 필요하다.

과학 기술자는 과학 문장을 쓸 때에 조사나 어미를 정확하게 사용하여야 과학적 사실이나 증거들의 선후·인과·주종 관계를 명확하게 나타낼 수 있다.

3) 대등한 두 가지 사실은 같은 형식으로 나타내야 한다

우리말에서 두 개의 사실을 대등하게 연결할 때, 단어와 단어는 조사 '와/과'로 연결하고, 절과 절은 연결 어미 '-고'로 연결한다. 연결되는 단어나 절이 의미상으로나 문장 구조상 대등할 때에는 반드시 이와 같이 써야 한다.

기존의 대표적인 주파수 합성기로 사용되어 온 PLL은 느린 주파수 변환 속도와 정밀한 주파수 조정이 어렵기 때문에 직접 디지털 주파수 합성 방식이라는 새로운 방식이 주목을 받고 있다.

앞의 문장은 '주파수 변환 속도가 느리다'와 '정밀한 주파수 조정이 어렵다'가 대등하게 연결된 것으로 이해해야 문장의 의미를 파악할 수 있다. 그러나 '느린 주파수 변환 속도'와 '정밀한 주파수 조정이 어렵기'는 문장 구조가 서로 다르다. 이렇게 씌어진 이 문장은 '정밀한 주파수 조정'뿐만 아니라 '느린 주파수 변화 속도'도 '어렵다'의 주어로 인식되기 때문에 글을 잘못 이해하거나 무슨 말인지 알 수 없게 된다. 이 문장을 바르게 고치면 다음과 같다.

기존의 대표적인 주파수 합성기로 사용되어 온 PLL은 주파수 변환 속도가 느리고 정밀한 주파수 조정이 어렵기 때문에 직접 디지털 주파수 합성 방식이라는 새로운 방식이 주목을 받고 있다.

문장에서 대등한 사실을 같은 구조로 표현함으로써 시각적으로 이해를 돕고, 서술어와 호응하지 않는 어절들을 바로잡을 수 있다.

4) 독자가 내용을 예측할 수 있는 순서로 글을 배열해야 한다

독자는 글을 시간적 · 공간적 · 논리적으로 예측하며 읽는다. 과학 기술자는 자신의 주장이나 생각을 다듬고 정리하여 독자가 글을 예측하며 읽을 수 있도록 순차적으로 배열해야 한다.

① SPARK RISC 프로세서는 매 사이클마다 명령어를 패치하여 수행시키는 데 ② 시스템의 slow SRAM이나 I/O와 같은 소자를 액서스할 때에는 두 클럭 이상이 필요하기 때문에 ③ SPARK RISC 프로세서를 hold시키는 클럭 스트레칭 회로와, ④ 또 SPARK RISC 프로세서에서 어드레스를 받아 각 소자에 알맞은 제어 신호와 실제 어드레스를 발생시키는 회로가 필요하게 된다.

'무엇에'에 해당하는 정보를 찾을 수가 없다.

앞의 문장은 네 개의 사실(①~④)을 하나의 문장에서 기술하고 있지만, 각각의 사실들이 제자리를 찾지 못해 독자가 예측하며 읽기가 쉽지 않다. 위 문장을 써 있는 그대로 보면, '수행시키는 데'가 '필요하기 때문에'와 직접적인 연결 관계를 가지는 것으로 이해된다. 그렇게 보면 문장 끝의 '필요하게 된다'와 연결되는 내용이 없어 문장을 이해할 수 없게 된다. 이러한 점을 고려하여 위 문장에서 다루는 사실을 이해하기 쉽고 예측 가능하게 배열하면 다음과 같다.

② SPARK RISC 프로세서는 시스템의 slow SRAM이나 I/O와 같은 소자를 액서스할 때에 두 클럭 이상이 필요하기 때문에, ① 매 사이클마다 명령어를 패치하여 수행시키는 데에 ④ SPARK RISC 프로세서에서 어드레스를 받아 각 소자에 알맞은 제어 신호와 실제 어드레스를 발생시키는 회로와 ③ SPARK RISC 프로세서를 hold시키는 클럭 스트레칭 회로가 필요하다.

글은 대상을 한꺼번에 보여 주는 것이 아니라 순차적인 과정을 거쳐 보여 준다. 독자도 이러한 순차적인 과정을 따라 읽으며 내용을 이해한다. 그러므로 과학 기술자는 자신이 설명하려는 사실을 어떤 순서로 배열해야 독자가 쉽게 예측하며 읽을 수 있는가를 항상 염두에 두며 글을 써야 한다.

5) 핵심 내용은 문장 뒤에 놓는다

우리말은 '주어-목적어-서술어'의 문장 구조를 가지는 언어이다. 이러한 언어는 문장의 뒷부분에 핵심적인 내용이 놓인다.

트렐리스 부호를 설계할 때에는 각 채널마다 최적인 부호를 설계하는 기준이 다르기 때문에 채널의 상황을 고려하여 설계해야 한다.

트렐리스 부호를 설계할 때에는 채널의 상황을 고려하여 설계해야 하는데, 각 채널마다 최적인 부호를 설계하는 기준이 다르기 때문이다.

위의 두 문장은 똑같은 두 개의 생각을 하나의 문장으로 나타내고 있지만 글의 전개 순서에 따라 주장하는 바는 전혀 달라진다. 첫 문장에서는 '설계해야 한다'라는 주장이, 뒷문장에서는 '기준이 다르다'는 이유 설명이 글쓴이가 말하려고 하는 핵심적인 내용이 된다.

4. 간결성

명확한 생각은 간결하게 표현된다. 과학 기술자는 증거와 일치하는 가설을 모두 간결하게 설명할 수 있어야 한다. 과학 기술자는 간결한 글을 통해 자신이 문제를 정확히 인지하고 다양한 견해를 고려하고 있다는 것을 보여 줄 수 있다. 그러므로 과학 기술자는 전문가 집단 내부에서 사용하는 어려운 말, 장황한 설명, 부적절한 서술을 없애고 독자가 쉽게 읽을 수 있도록 간결하게 글을 써야 한다.

1) 문장은 길게 쓰지 않는다

하나의 문장은 두세 개의 생각을 논리적으로 연결할 때에 이해하기 가장 쉬운 문장이 된다. 긴 문장에서는 사실들이 논리적으로 연결되기 어려우며, 주술 관계를 일치시키기도 쉽지 않다.

기존에 알려진 사실.

이유.

롬 테이블을 줄이기 위한 여러 가지 압축 방법이 제시되고 있으나, 압축을 할 경우 출력 신호의 품질이 샘플 선택에 직접적으로 연관되므로, 샘플 선택을 위한 시뮬레이션 과정이 매우 길어지게 되며, DDFS 회로를 설계한 후의 테스트 과정도 모든 샘플에 대해 모두 테스팅을 실시해야 하므로, 테스팅 시간이 매우 길고 과정 또한 어려워진다.

이유.

판단.   판단.

앞의 글은 크게 다섯 가지의 생각을 하나의 문장으로 나타냈다. 앞의 글은 기존에 알려진 사실과 두 개의 이유, 두 개의 판단이 하나의 문장을 이루고 있어 쉽게 이해할 수 있는 글이 아니다. 앞의 글에서 다루는 생각을 다음과 같이 세 개의 문장으로 나누어 쓰면 글이 간결해져서 쉽게 읽고, 쉽게 이해할 수 있는 글이 된다.

롬 테이블을 줄이기 위한 여러 가지 압축 방법이 제시되고 있다. 그러나 출력 신호의 품질은 샘플 선택에 직접적으로 연관되므로 압축을 할 경우에는 샘플 선택을 위한 시뮬레이션 과정이 매우 길어지게 된다. 또한, DDFS 회로를 설계한 후의 테스트 과정도 모든 샘플에 대해 모두 테스팅을 실시해야 하므로 테스팅 시간이 매우 길고 과정도 어려워진다.

2) 꾸밈을 받는 말이 서술되지 않은 채
바로 다른 말을 꾸미지 않게 한다

일반적으로 하나의 절은 서술어에 이끌려 서술되어야 그 의미를 정확하게 이해할 수 있다. 꾸밈을 받는 절이 서술어에 이끌려 서술되지 못하고 바로 다른 말을 꾸미게 되면 서술되지 않은 절이 많아져 문장을 이해하기 어려워진다.

앞에서 설계한 FCW 블록, 위상 누산기, 롬을 이용한 첫 번째 단과 13개의 버터플라이 유닛, 13개의 상수 Z 덧셈/뺄셈기, 그리고 포화 연산기를 포함한 마지막 단의 모든 합인 전체의 DDFS의 회로도가 그림 4-19이다.

앞 글의 뒷부분을 보면, 꾸밈을 받은 하나의 말이 서술되지 않은 채 또 다른 말을 꾸미고 있다. '포함한'은 '마지막 단'을 꾸미고, 꾸밈을 받은 '마지막 단'은 '모든'의 꾸밈을 받은 '모든 합'을 꾸미고, '모든 합'은 다시 '전체의'의 꾸밈을 받은 'DDFS'를 꾸미며, '전체의 DDFS의'는 '회로도'를 꾸미고 있다. '그림 4-19이다'로 서술되는 말은 '회로도' 하나인데 거기에 걸려 있는 말들이 서술되지 않은 채 꾸미고 있어서 문장을 이해하기가 쉽지 않다. 앞의 문장을 이해하기 쉽게 고쳐 보자.

앞에서 설계한 FCW 블록과 위상 누산기, 그리고 롬을 이용한 첫 번째 단과 13개의 버터플라이 유닛, 13개의 상수 Z 덧셈/뺄셈기, 그리고 포화 연산기를 포함한 마지막 단을 모두 합한 전체 DDFS 회로도가 그림 4-19이다.

고친 글은 '포함한'이 꾸미는 '마지막 단'이 '합한'으로 서술되고 있고, '합한'은 한 덩어리가 된 '전체 DDFS 회로도'를 꾸미는 간결한 구조로 바뀌었다.

3) 중복되거나 형식적인 어구는 제거한다

일반적으로 개인이나 집단마다 습관적으로 사용하는 형식적인 어구가 있다. 형식적인 어구는 글을 불필요하게 길게 만들고, 같은 내용을 중복하여 쓰게 만들기도 한다. 특히, 습관적으로 쓰는 피동형 어구는 능동형 문장에 잘못 쓰였을 경우 문장의 의미를 파악하기 어렵게 만든다.

연산기 자체가 알고리듬적으로 완전하다는 것이 보여진다면 어떤 경우에도 테스팅을 할 필요가 없는 장점이 있다.

산소는 인류가 생존하는 데에 있어서 가장 중요한 요소라는 사실은 강조할 필요가 없는 것이다.

즉 정현파 샘플 하나를 계산하기 위해서는 기준 클럭의 n배의 지연 시간(latency)이 소요되게 된다.

위 문장에서 '~는 것이 보여진다면', '~에 있어서', '~은 강조할 필요가 없는', '~는 것이다', '되게 된다'는 형식적인 어구이다. 첫 번째 문장에서 '보여진다'는 불필요하게 쓰인 피동 표현으로, 문장의 의미를 파악하기 어렵게 한다. 세 번째 문장의 '되게 된다' 역시 불필요한 중복 표현이다. 이러한 중복 표현을 제거하면 다음과 같은 글이 된다.

연산기 자체가 알고리듬적으로 완전하다면 어떤 경우에도 테스팅을 할 필요가 없는 장점이 있다.

산소는 인류가 생존하는 데 가장 중요한 요소이다.

즉 정현파 샘플 하나를 계산하기 위해서는 기준 클럭의 n배의 지연 시간(latency)이 소요된다.

이러한 형식적인 어구를 제거하여도 글을 이해하는 데 전혀 지장이 없을 뿐만 아니라 오히려 글이 간결해져서 훨씬 이해하기 쉬워진다.

4) 인정된 전문 용어 이외에는 일상어로 쓴다

전문 용어는 소속 집단의 의사소통에 기여한다. 그러나 전문 용어가 아니면서 관습적으로 소속 집단에서 사용되는 언어는 글의 이해도를 떨어뜨리고, 다른 집단과 의사소통을 방해한다. 이러한 언어 표현은 간결한 일상어로 쓴다.

채취한 표품 1kg을 암석 파쇄기로 직경이 2~3cm가 되도록 잘게 부순 뒤, 여기에 공업용 빙초산을 부어 15일 동안 반응하게 했다.

'표품'은 지질학계에서 일반적으로 쓰이는 말로, 일상어인 '표본'과 의미 차이가 나지 않는다. 앞의 문장에서 소속 집단의 관습어인 '표품'을 간결한 일상어인 '표본'으로 바꾸면 누구나 이해하기 쉬운 문장으로 바뀌게 된다.

채취한 표본 1kg을 암석 파쇄기로 직경이 2~3cm가 되도록 잘게 부순 뒤, 여기에 공업용 빙초산을 부어 15일 동안 반응하게 했다.

5) 그림이나 표의 설명은 짧게 한다

그림이나 표는 그 자체로 상세한 내용을 나타낸다. 그림이나 표를 설명할 때에는 간결하게 그것이 '무엇인가'만 명시하면 된다.

> 표 1. 1은 Niño3 지역의 SST의 표준 편차들을 각 실험들과 관측에 대해서 보인 것이다.

앞의 글은 표 1. 1이 '무엇인가'에 해당하는 'Niño3 지역의 SST의 표준 편차'라는 설명과 'Niño3 지역의 SST의 표준 편차'가 '무엇에 대한 것인가'를 설명하고 있다. 후자는 표 1. 1에서 보여 줄 내용이지 표 1. 1에 대한 설명이 아니므로 불필요하다. 앞의 글은 다음과 같이 고칠 수 있다.

> 표 1. 1은 Niño3 지역의 SST의 표준 편차를 나타낸다.

5. 객관성

과학 글쓰기는 증거에 토대를 두고 객관적으로 기술되어야 한다. 상상이나 검증되지 않은 의견에 바탕을 두어서는 안 되며, 증거가 부족할 때 가설을 추론하거나 의견을 사실처럼 진술해서도 안 된다. 또한 널리 받아들여지는 견해를 사실로 착각하거나 검증 없이 권위 있는 의견에 기대지 말아야 한다.

과학 기술자는 과장된 어구나 단정적인 표현을 사용하여 자신의 연구를 과대 평가해서는 안 된다. 가정이나 통계적 추측, 이론의 일반화는 충분한 증거를 바탕으로 이루어져야 한다. 그러기 위해서는 가정이나 사실, 가능성 등을 객관적으로 표현해야 한다.

1) 단정적이거나 과장된 표현을 사용하지 않는다

단정적인 표현은 억측을 가져올 수 있으며, 과장된 표현은 사실을 왜곡할 수 있다.

백색 잡음 검정을 위한 자기 상관에 따르면 $Q = 204831 < 33.92 = X^2_{0.95}$ (22)이어서 AR(2) 모형이 오차 계열을 정확하게 나타낸다. 이에 따라, 제2 잔차를 기초로 하는 이 검진 결과는 제1 잔차가 시계열 자료 AR(2) 모형에 완전하게 부합됨을 명백히 보여 준다.

앞 글은 마치 오차 계열을 정확히 알기 위해서는 'AR(2) 모형'만이 유일한 것이며, 제1 잔차가 한치의 오차도 없이 시계열 자료 AR(2) 모형에 부합되는 것같이 설명하여 사실을 왜곡하고 있다. 또한, '제2 잔차를 기초로 하는 이 검진 결과'가 단정적인 증거인 양 설명하여 이 검진 결과에 대한 억측을 불러일으킨다. 앞의 글을 다음과 같이 고치면 이러한 문제를 피할 수 있다.

백색 잡음 검정을 위한 자기 상관에 따르면 $Q = 204831 < 33.92 = X^2_{0.95}$ (22)이어서 AR(2) 모형이 오차 계열을 나타낼 수 있다. 이에 따라, 제2 잔차를 기초로 하는 이 검진 결과는 제1 잔차가 시계열 자료 AR(2) 모형에 부합됨을 보여 준다.

'명백히', '반드시', '물론'과 같은 단어는 단정적인 어구들이며, '절대적인', '정확한', '완전한'과 같은 표현은 과장된 표현이다.

2) 목적론적 표현은 피한다

목적론적 표현이란 어떠한 행동이나 과정의 결과를 마치 목적인 것처럼 기술하는 것을 말한다. 과학 기술자들은 목적론적 표현을 써서는 안 된다. 목적론적 표현은 완전한 설명처럼 보이지만 현상과 원인을 혼동한 것이기 때문이다.

> 나비는 천적을 위협하기 위해 날개에 눈 모양의 무늬를 가지고 있다.
> 기린은 높은 나무의 잎을 먹기 위해 목이 길어졌다.

앞의 문장을 보면, 진화의 결과가 그 원인인 것처럼 서술되어 있다. 이러한 목적론적 주장은 특히 생물에 대한 글을 쓸 때 흔히 나타난다. 위의 문장은 다음과 같이 바꾸어 써야 한다.

> 나비는 날개에 있는 눈 모양의 무늬로 적을 위협한다.
> 기린은 긴 목 덕분에 높은 나무의 잎을 먹을 수 있다.

3) 정확한 시제를 사용한다

과학적인 글에서 과거 시제나 현재 시제의 사용은 특별한 의미를 가진다.

1991년부터 2001년까지 우리나라 연안에서 발생한 해양 오염 사고는 총 4,190건으로 연평균 380여 건의 크고 작은 사고가 발생하고 있으며, 지금은 선박이 대형화되고 선박 화물량이 증가하고 있어서 대형 해양 오염 사고의 위험성이 상존하고 있다.

현재 진행형.

앞의 글에서 '1991년부터 2001년까지'는 해양 오염 사고가 이미 일어난 과거인데도 '발생하고 있으며'라는 현재 진행의 표현을 써서 글을 이해하기 어렵게 만들었다. 이 부분을 과거형으로 고쳐서 다시 쓰면 다음과 같다.

1991년부터 2001년까지 우리나라 연안에서 발생한 해양 오염 사고는 총 4,190건으로 연평균 380여 건의 크고 작은 사고가 발생했으며, 지금도 선박이 대형화되고 선박 화물량이 증가하고 있어서 대형 해양 오염 사고의 위험성이 상존하고 있다.

과학적인 글에서 일반적으로 받아들여지고 발표된 사실은 현재 시제를 쓰고, 일반화되지 않았거나 발표되지 않은 결과는 과거형을 쓴다. 또한, 반복되는 사건은 현재 진행형을 쓰고, 그림과 표의 설명은 현재형을 쓴다.

4) 추측이나 추정의 표현을 피한다

이러한 사실과 일산화탄소의 생성량이 알코올 첨가 농도에 비례하지 않는다는 점 등을 고려하면, 생성된 일산화탄소의 근원 물질이 알코올이라기보다는 이산화탄소라고 보는 것이 더 타당한 것으로 생각된다. 따라서 알코올은 단지 이산화탄소로부터 일산화탄소가 생성되는 반응을 촉진시키거나, 또는 생성된 일산화탄소가 다른 물질로 변해 가는 반응을 억제하는 작용 등을 통해 일산화탄소의 생성에 기여한다고 볼 수 있을 것 같다. 그런데 이산화탄소의 탄소-산소 간 이중 결합이 분해되어 일산화탄소를 생성하는 반응에서, 알코올이 이 반응에 촉매 작용을 한다고 보기는 어려울 것으로 생각된다.

'~ㄹ 수 있을 것 같다', '~것으로 생각된다'와 같이 추측하거나 추정하는 표현은 모호한 표현일 뿐만 아니라 글에서 설명하고 주장하는 내용의 신뢰도를 약화시킨다. 앞의 글은 다음과 같이 바꾸어 쓰는 것이 바람직하다.

이러한 사실과 일산화탄소의 생성량이 알코올 첨가 농도에 비례하지 않는다는 점 등을 고려하면, 생성된 일산화탄소의 근원 물질이 알코올이라기보다는 이산화탄소라고 보는 것이 더 타당하다. 따라서 알코올은 단지 이산화탄소로부터 일산화탄소가 생성되는 반응을 촉진시키거나, 또는 생성된 일산화탄소가 다른 물질로 변해 가는 반응을 억제하는 작용 등을 통해 일산화탄소의 생성에 기여한다. 그런데 이산화탄소의 탄소-산소 간 이중 결합이 분해되어 일산화탄소를 생성하는 반응에서, 알코올이 이 반응에 촉매 작용을 한다고 보기는 어렵다.

5) 의인화된 표현은 피해야 한다

과학 기술자는 과학적인 글에서 사람 이외에는 인간적인 의미 속성을 가지는 표현을 써서는 안 된다. 예를 들어, '~한 결과는 ~을 보여 준다'와 같은 표현이나 '건물의 관점에서'와 같은 표현을 써서는 안 된다. 왜냐하면 '결과는 무엇을 보여 줄' 수 없고, '건물은 관점을 가질' 수 없기 때문이다.

그림 3-4가 파이프라인 CORDIC의 기본적인 구조를 보이고 있다.

이 전체 지연 시간이 DDFS의 주파수 변환 속도를 결정한다.

앞의 글에서 '그림 3-4'는 무엇을 '보이고 있'을 수 없고, '지연 시간'은 무엇을 '결정할' 수 있는 주체가 아니다. 그러므로 위의 문장은 다음과 같이 바꾸어 써야 한다.

그림 3-4는 파이프라인 CORDIC의 기본적인 구조이다.

이 전체 지연 시간으로 DDFS의 주파수 변환 속도가 결정된다.

우리말에서 주어는 능동사와 주술 관계를 맺을 때 행위의 주체로 이해된다. 만일 주어가 행위의 주체가 될 수 없을 때에는 피동사와 주술 관계를 맺어야 한다.

6. 문장 고치기의 실제

이번 장에서 이야기한 내용을 바탕으로 실제 과학 문서를 수정해 보자. 다음 쪽의 그림은 'PDA의 화면과 스크롤의 설계 방안'에 대한 글의 서론과 수정 사항을 표시한 것이다. 수정 사항 ①에서부터 ㉚까지 순서대로 어떻게 고쳐야 하는지 살펴보자.

PDA의 스크롤 및 화면 설계 방안

1. 서론

휴대폰 및 휴대용 개인 정보 단말기 등과 같이 이동성을 지니고, 무선 인터넷 접속이 가능한 모바일 기기의 사용이 급증하고 있다(George, 2001; Gartner, 2000). 모바일 기기 중 PDA(Personal Digital Assistant)는 작은 크기에 비해 다양한 기능을 제공하는 대표적인 모바일 기기이다. PDA의 사용은 기존의 일정 및 주소록 관리를 넘어 멀티미디어, 게임 등 다양한 기능의 추가로 인하여 더욱 가속화되고 있는 추세이다(Tilley et al., 2001).

그러나 PDA는 기존의 개인용 컴퓨터에 비하여 화면 크기가 작고, 사용자의 정보 입력 방식이 제한되어 있기 때문에 심각한 사용성 문제점을 야기한다(Wiklund, 1994; George et al,. 2001; Orkut et al,, 2000). 제한된 화면 크기는 가독성 및 정보의 이해도를 저하하며(George et al,. 2001), 작업 수행시 기존의 데스크 탑 환경에서보다 작업 수행도면에서 효율성이 떨어진다(Jones et al,. 1999; Gessler and Kotulla, 1995; Duchnicky and Kolers, 1983). 또한, 입력시 제한된 화면상에 제시되는 대상을 스타일러스 펜을 사용해 선택하기 때문에 데스크탑 환경에 비하여 화면상의 내비게이션을 위한 클릭 횟수가 증가하고, 이에 따라 사용자의 인지적 부하 및 오류 발생률이 증가하게 된다(Orkut et al,, 2000).

최근 무선 인터넷 기능이 추가로 장착됨에 따라 PDA를 이용한 정보 검색이 많이 이용되고 있다. 바스네트워크(2001)의 설문 결과에 따르면 개인 일정 관리(39%) 다음으로 뉴스, 정보이용 등의 무선 인터넷(34%)을 목적으로 PDA를 사용하는 것으로 밝혀졌다. 또한, 월간 비즈니스 저널(2002)에서는 모바일 컴퓨팅에 대한 사용자의 요구 증가로 PDA와 통신 기능의 결합이 가속화될 것으로 전망했다.

이와 같은 다양한 기능의 추가는 사용성 문제를 야기할 수 있다. 특히, 제한된 화면에서 웹 내비게이션을 할 경우에는 정보를 한 눈에 볼 수 없기 때문에 스크롤 빈도가 증가하고(Jones et al,. 1999), 스타일러스 펜의 조작이 용이하지 않아 많은 사용성 문제점이 발생된다.

본 연구에서는 PDA의 많은 사용성 문제점들 중 [그림 1]에 나타난 바와 같이 입력방식과 제한된 화면 크기에서 유발되는 사용성 문제점을 해결하는 방안을 제안하고 이를 실험을 통하여 평가했다. 스크롤 조작을 단순화하기 위하여 외부 스크롤 장치를 제공하거나 스크롤 방향수를 최소화하고, PDA의 화면 형태별로 사용성을 평가함으로써 사용성이 개선된 방안을 제시하고자 한다.

사용성 문제	문제 해결 방안	설계 방안
제한된 입력 방식	스크롤 조작을 단순화	외부 스크롤 장치 제공 스크롤 방향수 최소화
제한된 화면 크기	제한된 화면의 효율적 설계	PDA 화면 형태 비교

그림 1. PDA의 사용성 문제 개선 방안

① [수정] PDA 화면과 스크롤 설계 방안

　[설명] 수식 및 연결 관계 때문에 PDA의 스크롤 방안과 PDA의 화면 설계 방안으로 해석될 우려가 있다.

② [수정] 휴대폰이나 PDA, 랩탑과 같은

　[설명] 휴대용 개인 정보 단말기는 휴대폰을 포함하는 상위 개념이다. 나열할 때에는 대등한 관계에 있는 예를 나열해야 한다.

③ [수정] (George, 2001; Gartner, 2000)의 위치 이동

　[설명] George, 2001; Gartner, 2000에서 참조한 내용은 모바일 기기의 특성이지 모바일 사용 기기 사용의 급증이 아니므로 위치를 바꾸어야 한다.

④ [수정] VOD, AOD와 같은 멀티미디어 기능과 웹서핑, e-book, 게임 등과 같은 다양한 기능

　[설명] '다양한 기능'으로 표현하려면 다양한 여러 예를 보여 주어야 한다. 멀티미디어, 게임의 예만으로는 PDA의 다양한 기능을 보여 줄 수 없다.

⑤ [수정] 제거한다.

　[설명] 상투적인 표현으로 글의 간결성을 해친다.

⑥ [수정] 제거한다.

　[설명] 이러한 내용은 이미 전제되어 있거나 문장 안에 그러한 의미가 포함되어 있으므로 잉여적인 정보이다.

⑦ [수정] 개인용 컴퓨터[PC]

　[설명] 개인용 컴퓨터라는 용어보다 PC라는 용어가 더 많이 알려져 있으므로 부가 정보를 주는 것이 바람직하다.

⑧ [수정] 빠른 정보 검색에

　[설명] 무엇에 대한 심각한 문제인지를 적어 주어야 한다.

⑨ [수정] 가지고 있다.

　[설명] 쉽고 일상적인 표현으로 쓴다.

⑩ [수정] 크기가 작은 화면은 가독성과 정보의 이해도를 약화시키며

[설명] '가독성을 저하하다'나 '이해도를 저하하다'는 서로 일치하지 않는 잘못된 표현이다.

⑪ [수정] 제거한다.
[설명] 이미 문장에서 전제된 내용이므로 잉여적인 표현이다.

⑫ [수정] 개인용 컴퓨터[PC]보다
[설명] '~에 비해서'보다 '~보다'가 더 간결한 표현이다.

⑬ [수정] 화면을 탐색할 때에
[설명] 여기서 쓰인 '내비게이션'은 불필요한 외래어 표현이므로 이를 일상적인 용어로 바꾸어 준다.

⑭ [수정] 사용자의 인지력을 떨어뜨리고 오동작을 유발시키는 원인이 된다.
[설명] 명사형의 구조보다 '주어-서술어'로 서술해 주는 구조가 글의 내용을 이해하기 쉽다.

⑮ [수정] '바스 네트워크'에서 실시한 2001년 설문 조사에 따르면,
[설명] 괄호 안에 연도를 넣는 것은 책의 서지 정보를 나타낼 때이다.

⑯ [수정] 무선 인터넷을 통해 뉴스나 증권 현황과 같은 정보를 이용(34%)
[설명] PDA를 사용하는 목적은 뉴스나 증권 현황을 알기 위해서이지 무선 인터넷이 아닐 뿐더러, 뉴스와 정보 이용이 무선 인터넷이 아니다. 또한 뉴스와 정보 이용은 층위가 다르므로 대등하게 연결될 수 없다.

⑰ [수정] 『비즈니스 저널』(2002. 7)
[설명] '월간'은 책 이름이 아니므로 불필요하며, 책 이름은 겹낫표(『 』)로 표시해 주어야 한다. 이 책은 월간지이므로 괄호 안에 '월'까지 표시해야 한다. 잡지의 경우에 이중꺾쇠(《 》)를 쓰기도 한다.

⑱ [수정] 제거한다.
[설명] 위 글에 '다양한 기능이 추가'된 것에 대한 내용이 없다.

⑲ [수정] 제거한다.
[설명] 이미 문장에서 전제된 내용이므로 잉여적인 정보이다.

⑳ [수정] 제거한다.
　[설명] '많은 사용성의 문제점'이 이 글에 제시되지 않았다.

㉑ [수정] [표 1]
　[설명] '그림'과 '표'는 구별해야 한다.

㉒ [수정] 개선
　[설명] PDA의 사용성 문제를 '해결'한 것이 아니고 '개선'한 것이므로 정확한
　　어휘로 표현해야 한다.

㉓ [수정] 제시하고
　[설명] '제안'과 '제시'를 구별하여 정확하게 표현해야 한다.

㉔ [수정] 비교·분석
　[설명] 이 부분에서는 '평가'보다는 '비교·분석'이 더 정확한 표현이다.

㉕ [수정] 효율성을 높일 수 있도록 설계했다.
　[설명] '개선 방안'의 내용을 적어야 한다.

㉖ [수정] 방향
　[설명] 여기서는 '방안'이 아니라 '방향'이 더 정확한 표현이다.

㉗ [수정] 문제 개선 방안
　[설명] '설계'는 문제 개선 방안의 구체적인 내용이다.

㉘ [수정] 제한된 화면의 사용성 확대
　[설명] 효율적 설계는 문제 개선 방안의 구체적인 내용이다.

㉙ [수정] 화면 형태의 효율적 설계
　[설명] 화면 형태 비교는 문제 개선 방안을 내기 위한 전 단계의 과정에 속한다.

㉚ [수정] 표1의 제목 위치를 위로 변경한다.
　[설명] 일반적으로 표 제목은 표 위에, 그래프나 다이어 그램의 제목은 아래에
　　붙인다.

고쳐 쓴 글

PDA 화면과 스크롤 설계 방안

1. 서론

휴대폰이나 PDA, 랩탑과 같은 모바일 기기는 휴대하여 이동하기가 편리하고 무선 인터넷 접속이 가능하다(George, 2001; Gartner, 2000). 이러한 특성 때문에 최근 모바일 기기의 사용이 급격히 늘어나고 있다. 특히 PDA(Personal Digital Assistant)는 작은 크기에 비해 다양한 기능을 가지고 있는 대표적인 모바일 기기이다. PDA는 일정 및 주소록 관리와 같은 단순한 기능을 넘어 VOD, AOD와 같은 멀티미디어 기능과 웹서핑, e-book, 게임 등과 같은 다양한 기능이 추가되면서 사용자가 급증하고 있다(Tilley et al., 2001).

PDA는 무선 인터넷 접속이 가능하게 되면서 정보 검색에 많이 이용되고 있다. '바스 네트워크'에서 실시한 2001년 설문조사에 따르면, PDA는 개인 일정 관리(39%) 다음으로 무선 인터넷을 통해 뉴스나 증권 현황과 같은 정보를 이용(34%)하기 위해 사용한다. 또한, 『비즈니스 저널』(2002.7)에서는 모바일 컴퓨팅에 대한 요구가 증가함에 따라 PDA와 통신 기능의 결합이 가속화될 것으로 전망했다.

그러나 PDA는 개인용 컴퓨터[PC]에 비해 화면이 작고, 정보를 입력하는 방식이 제한되기 때문에 빠른 정보 검색에 심각한 문제를 가지고 있다(Wiklund, 1994; George et al,. 2001; Orkut et al,. 2000). 크기가 작은 화면은 가독성과 정보의 이해도를 약화시키며(George et al,. 2001), 작업 효율성을 떨어뜨린다(Jones et al., 1999; Gessler and Kotulla, 1995; Duchnicky and Kolers, 1983). 제한된 화면에 스타일러스 펜을 사용하여 입력해야 하기 때문에 화면을 탐색할 때에 개인용 컴퓨터[PC]보다 클릭 횟수가 많아진다. 또한 정보를 한눈에 볼 수 없기 때문에 스크롤 빈도가 높아진다(Jones et al,. 1999). 이러한 현상은 사용자의 인지력을 떨어뜨리고 오동작을 유발시키는 원인이 된다(Orkut et al., 2000).

이 연구에서는 PDA의 제한된 입력 방식과 제한된 화면 크기 때문에 발생하는 사용성의 문제를 개선할 수 있는 방안을 제시하고 이를 실험 · 평가했다. 스크롤 조작을 단순화하기 위하여 외부에 스크롤 장치를 설치하거나 스크롤 방향수를 최소화했고, 화면 형태별로 사용성을 비교 · 분석하여 효율성을 높일 수 있도록 설계했다. 이러한 과정을 간략하게 표로 보이면 아래 표 1과 같다.

표 1. PDA의 사용성 문제 개선 방안

사용성 문제	문제 개선 방안	문제 개선 방안
제한된 입력 방식	스크롤 조작을 단순화	외부 스크롤 장치 제공 스크롤 방향수 최소화
제한된 화면 크기	제한된 화면의 사용성 확대	화면 형태의 효율적 설계

연습 문제

1. 다음 문장들을 전달하려는 의미가 명확하게 고쳐 보자.

1) 뜨거운 주전자의 수증기로부터 동력을 얻어 도르래를 움직일 수 있다.

2) 시뮬레이션에서는 32비트 이상의 부호 있는 고정 소수점 수 체계를 표현할 수 있도록 8바이트의 크기를 가지는 long interger형 변수를 사용했다.

3) 본 문서는 40Gbps의 최대 처리 용량을 가지며 ATM/IP Service를 주기능으로 하는 Multi-service Switch and Router(MSR)인 MSR-40 시스템에 대한 기능 및 서비스의 구현을 위해 시스템 구조 설계를 정의한 문서로서 H/W 및 S/W 구조를 포함한 시스템의 전반적인 내용을 기술했다.

4) Access Channel에서 사용되는 유일한 task로서, BSP로부터 채널의 Configu- ration을 받은 후 각 sector 별로 task를 생성한다. 단말이 access를 시도할 때 가장 먼저 수행된다. 단말이 송신한 data를 decoding 하는 과정이 주된 과제이며, task 생성 후 ACH_DEC_READY_EVENT를 기다리고 있다가 event가 생성되면 ACH_dec 함수를 호출하여 decoding 과정을 수행한다.

5) ATM에서는 송신 측에서 메시지를 분할하여 보내진 데이터 셀은 수신 측에서 재조립되어 메시지 송수신이 이루어진다.

2. 다음 그래프를 보고 연구 대상의 조건을 명확하게 서술해 보자.

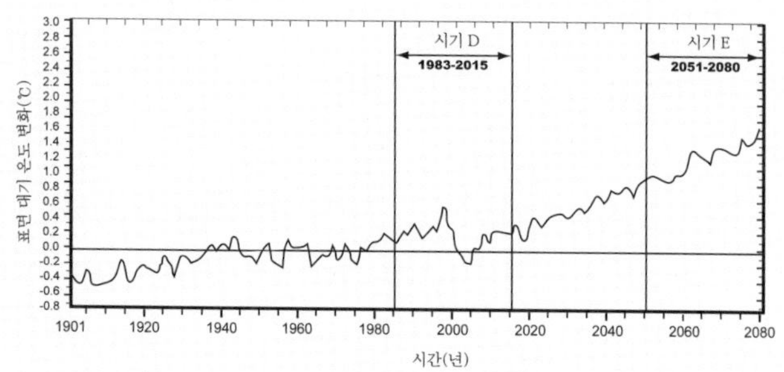

그림 지구 평균 표면 대기 온도 편차의 관측값(1901~2000년)과 기후 모형이 예측한 지구
평균 표면 대기 온도 편차의 변화값(2001~2080년).

3. 다음은 어떤 실험을 통해 얻어진 항목들이다. 항목들 간의 논리적인
관계가 명확히 드러나도록 '고찰'하는 글을 써 보자.

[실험] 기체의 방사선 분해 반응에서 다른 기체를 첨가한다.

[결과] 반응이 촉진된다.

[판단] 에너지 전달 반응이다.

[이론] 첨가물의 이온화 전위가 더 높을 때 첨가물로부터 원래 기체로 에너지
가 전달된다.

4. 다음 문장을 사실이나 증거의 논리적 관계가 분명히 드러나도록 일관성 있게 고쳐 보자.

1) 생물학적 처리 방법이 실제 방제 작업에 적용된 경우는 전무한데, 이는 생물 정화 기술에 대한 이해 부족 및 기술의 난이성, 기술 개발의 부진 등의 원인에 기인한 것일 수도 있으나, 근본적으로 해양 생태계에 생물 정화 기술의 적용 및 사용 지침 등에 대한 어떠한 제도적 규정도 명문화된 것이 없어 현실적으로 사용에 많은 제약에 따르기 때문이다.

2) 대기 오염에 의한 부유 분진의 위해성은 오래전부터 논란의 대상이 되어 왔으며 이 성분 중 중금속류에 대한 위해성은 빈번한 대상이 되어 왔다. 아직 우리나라에서는 대기 오염의 한 중요한 지표인 부유 분진 중의 인체에 유해한 것으로 알려진 호기 성분진(respirable dust)에 대한 규제를 실시하지 못하고 있는 실정으로 측정상의 어려운 점 등을 이유로 총부유 분진을 대상으로 삼고 있다.

3) RACB는 채널 카드가 동작을 시작할 때 RCMCB에 의하여 task가 생성되어 채널 카드가 동작하는 동안 Shutdown되지 않고 계속적으로 기능을 수행한다.

4) 이 문서에서는 NSM의 구성과 IPv4/IPv6 Static Routing 기능, Routing Protocol 과의 통신 기능, 타 블록과의 연계 기능 등을 중심으로 기술하며 해당 데이터 및 메시지, 알고리듬 등의 설계 사항을 제공하는 데 있다.

5) 본 문서는 MCRA 시험 절차서로서 양산 시 MCRA의 정상 동작을 확인하는 시험 절차를 기술하고 있다.

5. 다음 문장을 여러 개의 문장으로 나누어 간결하게 다시 써 보자.

1) 이 논문에서는 넓은 대역폭, 빠른 주파수 변환 속도와 높은 출력 해상도를 가지는 직접 디지털 주파수 합성기를 설계하기 위해 기본적인 알고리듬으로는 DORDIC(COordinate Rotation DIgital Computer) 연산을 사용했으며, CORDIC 연산을 사용할 경우 받게 되는 하드웨어 부담을 줄이기 위하여 정현파의 대칭성을 이용하여 롬 테이블을 도입하고, 일부 덧셈기의 규칙성을 이용하여 상수 계산으로 단순화하는 등의 알고리듬적인 방법과 풀 커스텀(full-custom) 방식을 채택하여 회로적인 개선 방법을 사용함으로써 기존의 직접 디지털 합성기에 비해 20% 정도 적은 트랜지스터 개수를 가지면서도 우수한 성능을 만족시키는 고성능의 직접 디지털 주파수 합성기를 설계했다.

2) NSM 블록은 Dynamic Routing 을 수행하기 위한 Routing Daemon 블록들(RIP, OSPF, BGP 등), RIB(Routing Information Based) 생성을 위한 정보들을 교환 및 관리하고, 이렇게 생성된 RIB를 가지고 실제 NP에서 처리 가능한 FIB를 만들어 NP에 전달하는 일을 하며, Static Routing을 처리하고 MPLS 관련 블록과의 통신을 통해 FTNILM을 NP에 전달한다. 추가적으로 IP Routing 에 대한 것은 IPv4 와 IPv6 모두를 지원한다.

3) CSPA-SR은 MPC8260을 CPU로 사용하며, DBPA-SV, ADLA-S, PLIA-S 와 정합하는 AIM(ATM Interface Module), CDMA Forward Link 와 Reverse Link의 Serial Data를 Combining하는 CDM(CDMA Data Combine and Align Interface Module), BTS 내의 상태 관리를 위한

HDLC 정합 및 UART 정합 Block, 기지국의 Reference Clock을 제공하는 Timing Block, 기지국의 장애 처리를 위한 Alarm Block 및 기타 부가 기능을 담당하는 Hardware로 구성되어 있다.

6. 다음 문장을 이해하기 쉬운 일상어로 고쳐 보자.

1) 확산 면적이 클수록 경질 성분이 빨리 증발하기 때문에 기름의 초기 확산 속도도 증발에 영향을 미치게 된다.

2) 도시의 대표적인 형태로서 상업 및 교통 혼잡 지역인 신촌동과 주택 지역인 불광동의 두 지역으로 구분하여 시료를 포집했다.

3) 묘봉층은 장산규암을 정합으로 피복하고 있지만 홍점층은 하부의 막골석회 암을 부정합으로 피복하고 있다.

7. 다음 글에서 불필요한 표현을 제거하여 글을 간결하게 고쳐 보자.

1) 일반적인 CORDIC 연산기는 그림 3. 3의 단일 부분 회전 연산기를 n번 반복 연산 수행하여 사인/코사인 값을 구하게 된다.

2) 따라서 동작 클럭 한 클럭에 각각 하나의 사인과 코사인 샘플을 생성해 낼

수 있게 되는 것이다.

3) 홍점층의 두께는 사평리 부근에서 약 250~300m 내외로 나타난다.

4) NSM(Network Service Module) 블록은 IPv4/IPv6 Static Routing과 RIP, OSPF, BGP, RIPng, OSPFv3, BGP4+ 등의 Routing Protocol의 정보를 통한 Dynamic Routing 기능을 제공하고, OSKernel, IPCM, FE 등의 각 블록 간의 정보 교환을 제어하는 블록이다.

5) 시스템 구조 설계서에는 시스템의 구성 요소를 식별하여 이들 사이의 통신 방법을 결정하고 각종 제약 사항을 고려하여 시스템 개발에 요구되는 제반 사항을 명확히 정의함을 목적으로 하며 구현 시스템의 목표와 방향을 제시하고 시스템의 구성 요소를 할당하는 데 목적이 있다. 또한 본 문서는 시스템 구축에 필요한 구성 요소간의 연동은 물론 기존 망과의 연동 등, 필수적인 사항을 시스템 개발에 반영하여 상용화 이후에 발행할 수 있는 문제점을 최소화함을 목적으로 하고 멀티 서비스 시스템 라우터의 구축을 위해 필요한 H/W 구조 및 S/W 구조를 포함한다.

8. 다음 문장을 추측이나 추정, 또는 의인화된 표현을 고쳐서 객관적인 글이 되게 다시 써 보자.

1) 여기에 0.1% 이상을 첨가했을 때에는 첨가 농도에 거의 무관하게 일정한 G(CO) 값을 보였는데, 이는 일산화탄소가 알코올로부터 생성되는 것이 아

니라는 사실을 의미하는 것으로 생각된다.

2) 현재 사용하고 있는 물리, 화학적인 방법은 사고 초기에는 가장 효과적인 방법이나 유출유를 완전히 제거하기 어렵고 유처리제 사용은 2차 오염 우려 가능성을 제기하고 있어 습지, 갯벌 및 조간대 지역 등 생물 자원이 풍부한 환경 민감 지역에 대한 새로운 방제 기술이 요구되고 있다.

7장 표와 그래프의 활용

1. 도표란 무엇인가?

도표란 데이터를 요약하고 배열하여 시각적으로 표현한 것을 말한다. 도표의 종류에는 표와 그래프, 다이어그램, 일러스트레이션 등이 있는데 이와 같은 시각적 표현물들은 과학 문서를 작성할 때와 발표할 때 데이터를 압축적으로 보여 주고 주장을 효과적으로 전달하는 수단이 된다.

과학 기술자들은 표와 그래프를 이용한 시각적 표현이 언어적 표현보다 실험 과정이나 연구의 결론 등을 설명하기에 더 적합하고 편리한 도구라고 말한다. 경우에 따라서는 도표를 이용한 시각적 표현이 백 마디 말보다 현상을 더 잘 설명할 수 있다.

도표는 자료를 시각적으로 표현하여 문제를 올바로 이해할 수 있게 해 준다. 따라서 도표는 설명 도구일 뿐만 아니라 자료를 분석하는 도구이기도 하다.

1) 도표는 데이터를 기술하고 정리하는 도구

도표는 데이터를 압축적으로 기술하고 정리하는 도구이다. 도표는 복잡한 자료들과 수치들을 정리하고 시각화함으로써 그것들을 개관할 수 있게 만든다. 자료를 정리하고 체계화하는 첫 번째 단계는 표를 작성하는 일이다. 이렇게 만들어진 표는 그 자체로서 자료가 지닌 특정한 유형이나 경향성을 드러내지 않는다. 그러나 표를 이용하여 작성된 그래프는 데이터들이 지닌 유형이나 경향성을 드러낸다. 또 시각화된 도표들은 자료의 내용을 효율적으로 요약한다.

2) 표와 그래프는 분석의 도구

도표는 데이터를 분석하는 도구이기도 하다. 표나 그래프를 이용하여 데이터를 시각적으로 표현해 보면 고려해야 할 변수들이 쉽게 분별된다. 표나 그래프는 수치들을 결정하는 변수들 사이의 상관 관계를 드러낸다. 그저 숫자들의 집합에 불과한 결과 데이터를 표와 그래프로 조직화하는 순간 데이터에 감춰진 경향성이나 상관 관계가 한눈에 드러나기도 한다. 예를 들어 그림 7. 1의 그래프는 용접 시 발생하는 진동과 접합 강도 사이의 관계를 조사한 실험 결과를 요약하고 있다. 이 그래프는 용접 시 발생하는 진동이 커짐에 따라 접합 강도가 약해짐을 보여 준다. 또 이 그래프를 통해 상관 계수(correlation coefficient)를 알 수 있다. 그림 7. 1의 결과에 따르면 용접 시 발생하는 진동과 접합 강도의 상관 계수가 음수값임을 알 수 있다.

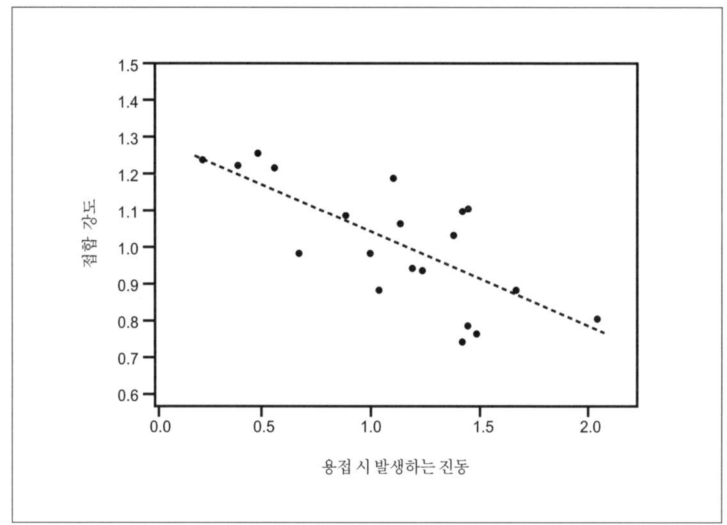

그림 7.1 두 데이터의 상관 관계를 보여 주는 그래프. 잘 만들어진 그래프는 감춰진 경향성과 상관 관계를 드러낸다.

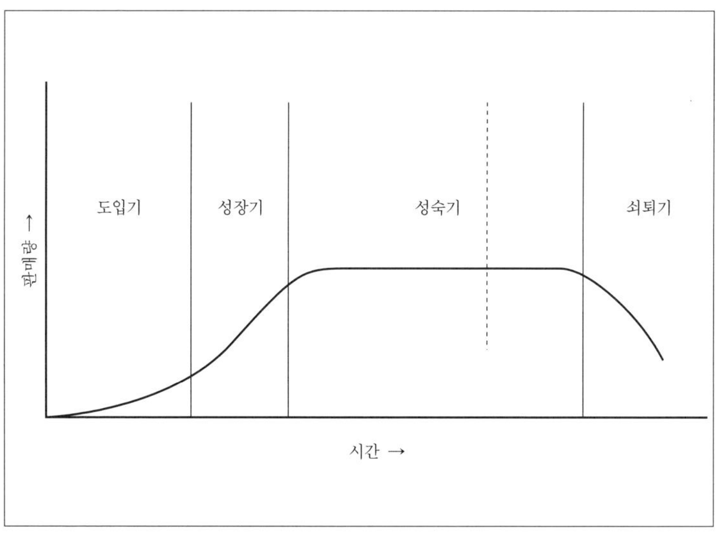

그림 7.2 제품의 주기를 보여 주는 그래프.

주기율표의 아버지 멘델레예프

1869년에 열린 러시아 화학회에서 드미트리 멘델레예프는 당시까지 알려진 63종의 원소를 원자량의 순으로 배열한 주기율표를 처음으로 발표했다. 그는 자신의 주기율표에서 원자량의 순서에 맞지 않은 부분을 빈칸으로 남겨두었으며, 빈칸에 들어갈 미지의 원소들의 원자량과 비중, 빛깔 등을 미리 예측했다. 멘델레예프의 예측은 갈륨(1875년)과 스칸듐(1879년), 게르마늄(1886년)과 같은 원소들이 발견됨으로써 입증되었다. 멘델레예프의 주기율표는 과학자들이 미지의 원소들을 미리 예언하고 찾아내는 데 큰 역할을 해 왔다. 과학 교육의 과정에서 학생들은 주기율표를 읽는 법을 배움으로로써 원소들이 지닌 다양한 성질을 이해할 수 있게 된다. 멘델레예프의 주기율표는 자료를 도표로 만들어 시각화함으로써 자료가 지닌 경향성을 드러낸 대표적인 사례라고 할 수 있다.

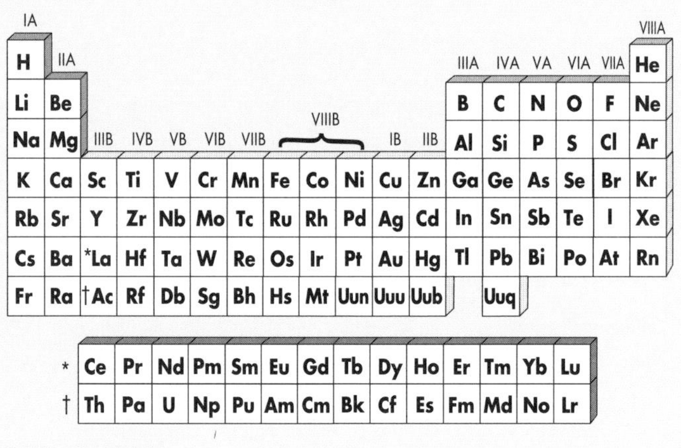

그림 7.3 원소 주기율표.

3) 도표는 설명의 도구

　표나 그래프와 같은 시각적 자료들은 독자들의 흥미를 유발할 수 있는 중요한 요소이다. 또 도표는 문서에서만 긍정적인 기능을 하는 것은 아니다. 프레젠테이션 시 잘 만들어진 도표를 사용하면 독자들의 주의를 환기시키고 발표자의 핵심적 주장에 관심을 집중하도록 만든다. 도표는 말로 설명하기 어려운 미묘한 내용을 쉽게 설명해 내기도 한다. 표나 그래프가 전혀 들어가지 않은 과학 문서는 주장을 명료하게 전달하지 못할 수 있고 독자들을 따분하게 만들 수 있다.

　예를 들어 그림 7. 2는 제품 주기를 표현한 것으로 시간의 흐름에 따른 제품 판매량의 변화를 한눈에 보여 준다.

2. 표와 그래프 활용하기

　표나 그래프는 목적에 따라 적절하게 써야 한다. 또한 데이터의 성격과 유형에 따라서 잘 선택하여 활용할 필요가 있다. 연구의 초기 단계부터 아이디어를 잘 표현할 수 있는 표와 그래프를 구상해야 하며 초고를 작성할 때 표나 그래프가 들어갈 적당한 위치를 정해 두는 것이 좋다.

1) 표를 사용해야 할 경우

　표는 ① 제한된 공간에 방대한 양의 데이터를 제시할 때, ② 항목

표 강재의 화학 성분

기호	화학 성분(%)				
	C	Si	Mn	P	S
SM400A	0.23~0.25	·	2.5	0.035	0.035
SM400B	0.20~0.22	0.35	0.60~1.40	0.035	0.035
SM400C	0.18	0.035	1.40	0.035	0.035
SM400D	0.20~0.22	0.55	1.60	0.035	0.035
SM400E	0.18~0.20	0.55	1.60	0.035	0.035

C: 탄소, Si: 규소, Mn: 망간, P: 인, S: 황

그림 7.4 기본적인 표의 구성. 표 제목은 표 위에 놓고, 약호, 단위 등에 대한 설명은 표 아래에 놓는다.

- ■ 표의 제목은 간결하게 만든다.
- ■ 표의 제목은 표의 윗부분에 붙인다.
- ■ 독립 변수는 표의 가로축에, 종속 변수는 세로축에 배열한다.
- ■ 행과 열의 서두에 항목의 명칭과 단위를 표시한다.
- ■ 표에 번호를 붙인다.
- ■ 표 안에는 번호를 붙이지 않는다.

그림 7.5 표 작성 시 유의 사항.

별로 상세한 비교가 필요할 때, ③ 개별 데이터 값을 정확히 보여 줄 때, ④ 개별 데이터 값을 쉽게 찾도록 할 때 사용한다. 그림 7. 4는 표를 사용해 데이터를 정리한 예이다. 또 그림 7. 5는 표를 만들 때 주의해야 하는 사항들이다.

2) 그래프를 사용해야 할 경우

그래프는 ① 데이터에 관심을 갖고 본문을 읽도록 유도하고자 할 때, ② 주어진 데이터 값을 토대로 다음 단계를 예측하도록 도울 때 ③ 복잡하고 많은 데이터를 쉽게 이해할 수 있도록 도울 때, ④ 데이터의 추세, 관계, 유형을 강조하여 요점을 파악하고자 할 때, ⑤ 데이터와 주장의 신뢰성을 높이고자 할 때 사용한다. 그림 7. 6는 대량 멸종의 주기성을 연구한 글에서 가지고 온 그래프이다. 수많은 생물이 대량으로 사멸하는 시기가 2620만 년의 주기로 반복된다는 것을 한눈에 보여 준다. 또 그림 7. 8은 그래프 작성 시 유의 사항이다.

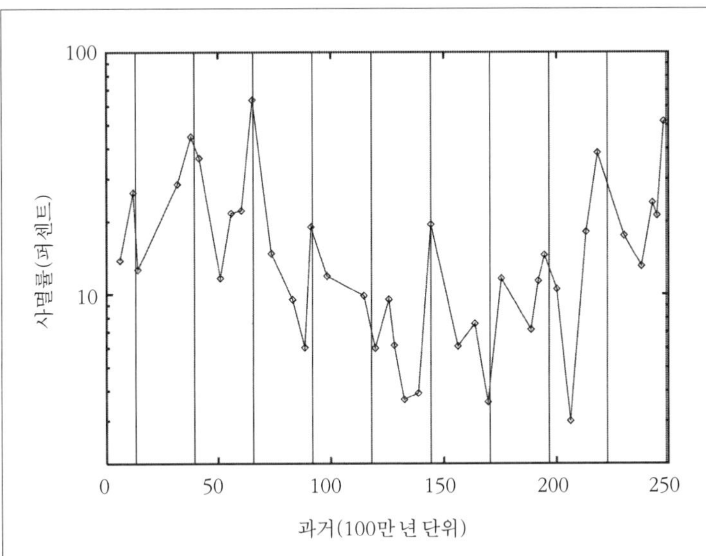

그림 지난 2억 5000만 년 동안의 사멸률 기록. 수직선들은 가장 잘 맞는 주기인 2620만 년을 가리킨다. 사멸률은 해당 지질 시대에 살았던 과의 퍼센트 비율로 나타냈다. 수직 눈금은 로그 척도이다.

그림 **7.6** 그래프의 실례. 그래프 설명이나 제목은 그래프 아래에 달고 가로축과 세로축의 단위가 무엇인지 적어 주어야 한다.

- 핵심 주장을 잘 설명할 수 있는 디자인을 선택한다.
- 데이터를 잘 표현할 수 있는 척도를 정한다.
- 독립 변수는 가로축에, 종속 변수는 세로축에 배열한다.
- 직선이나 곡선의 모양이 데이터를 과장하거나 왜곡하지 않도록 한다.
- 그래프에 번호를 붙인다.
- 저작권이 보호되는 데이터를 사용할 경우, 데이터 사용에 대한 허가를 받고 그 출처를 명시한다.

그림 7.7 그래프 작성 시 유의 사항.

3) 다이어그램을 사용할 경우

다이어그램(diagram)은 다양한 종류의 관계들을 표현하는 데 매우 효과적이다. 물건과 힘의 관계를 나타낸 개념도(그림 7.8 참조)나 전기 회로도 같은 것은 물론 공간적 위치 관계를 표시한 지도나 작업 순서를 나타낸 흐름도도 모두 다이어그램이다. 다이어그램을 적절하게 사용하면 인과 관계나 연관성, 종속 관계 등을 알기 쉽게 표현할 수 있다.

다이어그램을 그릴 때에는 전달 효과를 최대화할 수 있는 최소한의 도형과 선을 사용해야 한다. 또 같은 대상을 나타낼 때에는 동일한 도형과 선을 사용하는 것이 좋다.

4) 데이터의 성격에 따른 도표의 선택

도표는 변수의 특성과 사용 목적에 따라 적절히 선택되어야 한다.

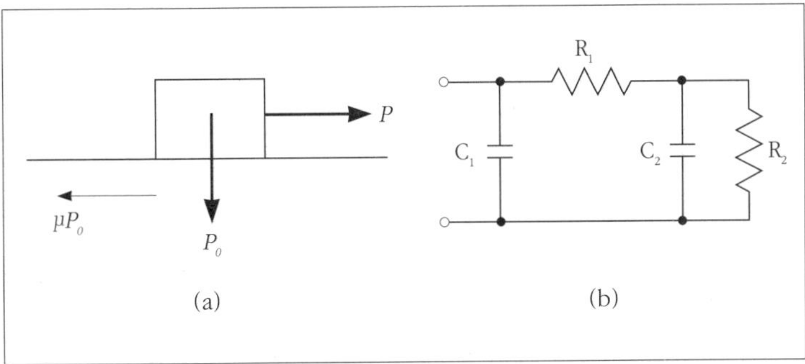

그림 **7.8** 설명하고자 하는 개념을 다이어그램으로 나타낸 사례. (a)는 물체에 가해진 힘과 마찰력의 관계를 나타낸 다이어그램, (b)는 전기 회로를 나타낸 다이어그램이다.

예를 들어 불연속 변수는 막대형 그래프를, 연속 변수는 선형 그래프를 쓰고 백분율을 표시하는 경우에는 파이 모양의 원형 그래프를 쓰는 것이 좋다(그림 7. 9 참조). 이 밖에도 도표를 만들 때에는 데이터에 따라 그림 7. 10의 여러 사항들을 참조해야 한다.

현대의 그래픽 프로그램은 분석과 발표에 사용할 수 있는 다양한

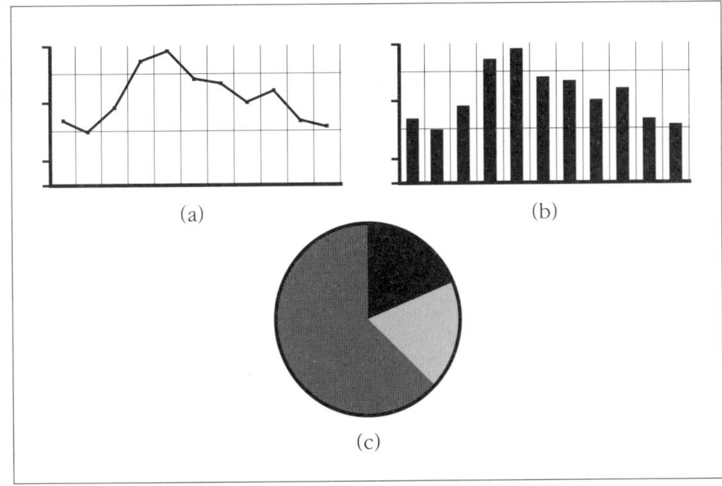

그림 **7.9** 그래프의 종류에는 (a) 선형 그래프와 (b) 막대형 그래프 그리고 (c) 원형 그래프가 있다. 데이터와 과학 문서의 성격에 따라 적절하게 써야 한다.

- **변수의 특성**: 연속 변수인가 불연속 변수인가에 따라 그래프의 선택이 달라져야 한다. 불연속 변수는 막대형 그래프, 연속 변수는 선형 그래프를 사용하는 것이 좋다.
- **시계열 데이터**: 시계열 데이터는 특정한 시간 단위의 흐름에 따라 하나 혹은 몇 개 항목의 값이 변화하는 것이다. 이런 종류의 연속적 데이터는 데이터와 데이터 사이를 연결하는 선형 그래프를 사용할 때 가장 잘 표현된다.
- **백분율**: 전체의 값에서 특정한 자료가 차지하는 비율은 백분율로 나타낼 수 있다. 모든 그래프는 백분율로 표현할 수 있다.
- **비교**: 어떤 변수들을 비교하고자 한다면, 그 변수들의 추세를 간략하고 명료하게 나타내는 그래프를 고안할 필요가 있다. 선형 그래프나 막대형 그래프는 원형 그래프보다 변수를 비교하는 데 효과적이다.
- **상관성**: 상관성은 변수들 사이의 상호 영향을 나타낸다. 선형 그래프나 산포도는 이것을 보여 주는 데 효과적이다.
- **반대수 눈금**: 데이터의 값이 넓은 영역에 걸쳐 있거나 급격하게 변화하는 경우에는 반대수 눈금을 사용하여 그래프를 그리면 편리하다. 반대수 눈금으로 만든 그래프에서 기울기의 증가는 값 사이의 변화율을 보여 준다.

그림 7. 10 변수 특성에 따른 도표 만들기.

도표 제작 도구를 제공한다. 전공 분야에서 자주 쓰는 그래픽 도구에 익숙해지면 보고서나 논문을 효과적으로 작성할 수 있을 뿐만 아니라 시간도 크게 절약할 수 있다.

4) 좋은 도표와 나쁜 도표

표와 그래프는 ① 데이터를 정확하게 표현하고 있는가? ② 척도가

두께	두께(mm)	두께(mm)
720mm	720	7.2×10^2
38cm	380	3.8×10^3
4cm	40	4.0×10^1
(X)	(O)	

그림 7.11 표 안의 숫자 표시. 단위는 행과 열의 제목에 붙인다.

(X)

물질	저항			
	젖은 상태		마른 상태	
	예측치	실험치	예측치	실험치

(O)

그림 7.12 항목 표시에 대각선을 사용하지 않는다.

(X)

Propellant Vent Port	Pressure	
	Specified (psi)	Actual (psi)
External Aft Mid Stern	100.0 Internal { 28.0 14.0 28.0	102.7 28.0 } Model 14.7 635 28.1
External Aft Mid Stern	120.0 Internal { 30.0 15.0 32.0	122.7 28.9 } Model 14.0 635-AX 29.3

(O)

Propellant Vent Port	Pressure	
	Specified (psi)	Actual (psi)
Model 635		
External Internal	100.0	102.7
Aft	28.0	28.0
Mid	14.0	14.7
Stern	28.0	28.1
Model 635-AX		
External Internal	120.0	122.7
Aft	30.0	28.9
Mid	15.0	14.0
Stern	32.0	29.3

그림 7.13 표는 가능한 한 명쾌하게 만들어야 한다. 항목을 분류하는 데 괄호 같은 특수 기호를 쓰지 않고 다시 표로 정리하는 것이 좋다.

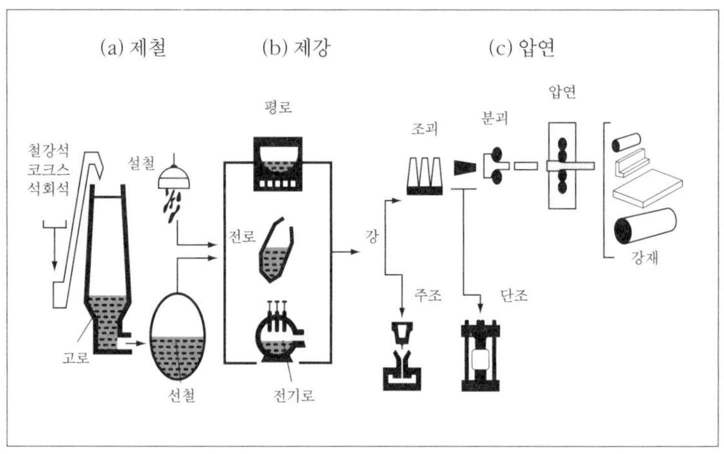

그림 7. 14 제강 과정을 나타낸 그림.

올바르게 설정되었는가? ③ 독자가 이해하기 쉬운가? ④ 위치가 적합한가? ⑤ 불필요한 장식 없이 간결하게 표현되었는가? ⑥ 본문에서 표와 그래프의 의미를 충분히 설명했는가? 등을 고려하여 여러 번 검토하고 수정해야 한다. 다음 그림 7. 11~7. 13은 표와 그래프를 그릴 때 몇 가지 실수하기 쉬운 사례들을 예시해 놓은 것이다.

5) 그 밖의 도표

복잡한 데이터를 시각화하여 효율적으로 제시하기 위해서는 여러 가지 방법을 동원할 수 있다. 컴퓨터 프로그램을 이용하면 그림이나 사진, 다이어그램을 쉽게 표현할 수 있다.

도표는 복잡하고 설명하기 어려운 상황을 한결 명료하게 전달해 준다. 표나 그래프와 마찬가지로 도표의 번호와 제목을 붙이고 본문에서 정확하게 설명해야 한다. 또한 출처를 명기하는 것도 잊어서는 안 된다.

연습 문제

1. 아래의 데이터를 표로 만들어 보자.

- 호르몬의 종류 : A, B, C

- 호르몬이 있는 조직의 부위: 줄기 끝, 줄기, 잎

- 호르몬의 양: (단위는 ng/gFW 임)

  줄기끝: A=0.26, B=5.29, C=0.09

  줄기: A=0.21, B=2.97, C=0.04

  잎: A=0.17, B=2.06, C=0.01

2. 다음 데이터를 선형 그래프로 표현해 보자

표 산소 발생에 걸린 시간(초)

산소의 부피 (ml)	혼합물 A Kl　　　　　10ml 3% H_2O_2　　5ml 증류수　　　15ml	혼합물 B Kl　　　　　10ml 3% H_2O_2　　10ml 증류수　　　10ml	혼합물 C Kl　　　　　20ml 3% H_2O_2　　5ml 증류수　　　5ml
2.0	7.33	6.13	15.89
4.0	40.59	22.30	37.07
6.0	67.83	36.15	56.37
8.0	101.34	47.07	73.85
10.0	135.81	63.05	90.56
12.0	167.95	82.76	115.10
14.0	230.78	123.12	165.14

3. 아래 표의 데이터를 막대형 그래프로 나타내 보자.

표 제시된 문자의 내용을 파악하는 데 걸린 평균 시간 　　　　　　　(단위:초)

	기존 인터페이스	개선된 인터페이스
내용 1	14.66	7.92
내용 2	15.41	3.28
내용 3	15.22	3.44
내용 4	4.26	2.69
내용 5	4.71	1.50
내용 6	10.59	2.01

4. 서울시 양재동 주택가에서 먼지를 채취하기 위해 필터를 통해 공기 $10m^3$을 흡입하여 먼지 $125\mu g$을 얻었다. 이 먼지에 대해 화학 분석을 하여 다음과 같은 결과를 얻었다. 서울시 공기 중 먼지의 화학 조성을 원형 그래프로 나타내 보자.

이온성 물질: 42.5μg	유기 탄소: 42.5μg
무기 탄소: 42.5μg	중금속 성분: 42.5μg
기타: 33.5μg	

5. 두 변수의 상관 관계를 파악할 수 있는 실험 데이터를 확보하여 그래프로 나타내 보자.

8장 보고서

문서를 읽는 많은 사람들은 그들이 필요로 하는 정보,
중요한 사실, 결론 및 필수적인 사항들을
먼저 알고 싶어 한다.
● 데이비드 비어 • 데이비드 맥머레이

1. 보고서란 무엇인가?

보고서는 여러 분야에서 수행한 연구, 실험, 조사 등을 통해 얻은 새로운 정보와 지식을 효과적으로 전달하기 위해 씌어지는 글이다. 보고서에는 연구 기관에서 연구 및 조사와 관련하여 쓰는 문서, 정부 기관에서 정책 집행과 관련하여 작성하는 여러 유형의 문서, 기업에서 상품의 판매 현황을 조사하여 작성하는 문서, 대학에서 학생들이 연구와 실험 및 학습 과제로 제출하는 글 등이 포함된다.

보고서는 학술적인 연구 성과를 담고 있는 학술 논문이나 학위 논문 등과 일정한 차이가 있다. 여러 유형의 보고서 가운데 학생들이 주로 쓰게 되는 것은 실험 보고서이다. 실험 보고서는 학술 논문에 비해 주제의 범위가 좁고, 그 목적이 과제에 대한 지식의 정리 및 실험 결과의 작성 능력을 학습하기 위한 것이다.

대학에서 학생들이 쓰는 학습 보고서나 실험 보고서는 대체로 교수를 독자로 하여 작성하는 것인데, 기술 보고서나 공학 보고서와 달리 당장의 실용적인 목적을 가지고 있지는 않다. 이 보고서들은 주어진 과제에 대해서 학생들이 어느 정도 공부를 했으며, 적절한 절차에 따라 자료 조사와 실험을 했는지, 그리고 그 결과를 보고서 체재에 맞게 정리하여 작성했는지를 평가하기 위한 것이다. 이 장에서는 주로 실험 보고서의 구성 항목과 그 내용 등에 대해 살펴본다.

2. 실험 보고서는 어떻게 구성되는가?

실험 결과로 나온 사실을 일정한 형식과 논리에 따라 정리하는 것이 실험 보고서의 핵심이다. 실험 보고서에는 근거 있는 의견만을 제시해야 하며, 글쓴이의 주관적인 느낌이나 판단은 배제해야 한다. 객관적인 사실을 진술하는 것은 그 사실에 관한 글쓴이의 지식(대체로 새롭게 획득한 지식)을 정확하게 독자에게 전달하기 위해서이다.

좋은 실험 보고서를 작성하기 위해서는 다음과 같은 사항들에 유의해야 한다.

- 실험 목적과 실험 결과가 일치되어야 한다.
- 실험 내용은 가감 없이 보고서에 담아 작성해야 한다.
- 표나 그래프에는 실험의 결과가 시각적으로 잘 표현되어야 한다.
- 실험 목적과 관련된 논점을 분명하게 부각시켜야 한다.
- 독자를 고려하여 작성해야 한다.

경우에 따라서 실험 보고서의 세부 항목들은 선택적으로 읽힐 수 있다. 다시 말해 읽는 사람의 필요나 관심사에 따라 필요한 항목만을

실험 보고서

1. 서두

    1) 표지

    2) 제목

    3) 차례

    4) 도표 목록

2. 본문

    1) 서론

    2) 실험 목적

    3) 실험 이론

    4) 실험 장치 및 방법

    5) 실험 결과

    6) 고찰

    7) 결론

3. 마무리

    참고 문헌

그림 8.1 실험 보고서의 표준 체재.

발췌하여 읽을 수도 있다. 이 점이 표준 형식에 맞추어 실험 보고서를 작성해야 하는 이유이다. 형식과 체재가 표준적이어야만 원하는 부분을 찾아 읽기가 용이하다. 실험 보고서의 일반적인 체재를 그림 8.1에 제시해 보았다.

1) 표지: 보고서의 시작

표지는 보고서의 글쓴이가 누구인지 알려 주는 역할을 한다. 표지에는 실험 제목, 과목명, 실험 시간과 장소, 학과(계열), 학번, 이름(실험조), 제출일, 담당 교수 등을 적는다. 실험 보고서의 표지에 포함될 사항들을 제시하면 그림 8. 2와 같다.

2) 제목: 한눈에 파악되게 하라

실험 보고서의 제목은 그 실험이 무엇에 관한 것인지를 한눈에 알 수 있도록 실험 내용을 압축하여 작성해야 한다. 한눈에 의미가 파악되지 않거나 혼동을 주는 제목은 좋지 않다. 그러나 제목이 길어지면 독자의 관심을 집중시키지 못해 오히려 정보 제시의 효과를 떨어뜨릴 수 있다. 또 너무 추상적이거나 지나치게 독특한 제목도 바람직하지 않다. 다음의 제목을 읽어 보자.

PDA의 화면 및 스크롤에 대한 설계 방안

이 제목은 PDA의 스크롤과 화면을 설계하는 방안에 대한 실험을 뜻한다. 그러나 앞의 제목에서 '및'이나 '~에 대한' 같은 연결 표현을 사용하기보다는 다음과 같이 수정하면 좀 더 이해하기 쉽고 분명한 제목을 만들 수 있다.

PDA 화면과 스크롤의 설계 방안

보 고 서

제 목:

과　목　명:
실험 시간과 장소:
학　　과(계열):
학　　　번:
이　　름:
제　출　일:
담 당 교 수:

그림 8. 2 실험 보고서의 표지 구성.

실험 보고서를 영문으로 작성하도록 하는 수업도 있다. 평소에 영문으로 제목을 만드는 연습을 할 수 있는 기회가 별로 없기 때문에, 다음의 예문을 보면서 좋은 영문 제목을 만드는 연습을 해 보자.

Survey and Evaluation Power Sources as to their Potential Application with the Controlled Airdrop Cargo

앞의 제목은 불필요한 단어들이 많이 포함되어 있어 실험 내용을 쉽게 판단하기가 어렵다. 다음과 같이 수정하면 간략하면서도 분명하게 의미가 드러나게 된다.

Potential Electrical Power Sources for Controlled Airdrop Cargo

3) 서론: 독자를 준비시켜라

서론은 보고서를 작성하는 배경과 목적, 내용과 범위 등 실험 전체의 개요를 밝혀 주는 부분이다. 서론에는 선행 연구의 개요와 한계, 연구의 의미, 관련 문헌을 조사한 내용과 아울러 해당 실험의 대상과 필요성, 의미가 기술된다.

서론은 글을 읽는 사람들이 보고서를 읽을 마음의 준비를 하도록 유도하는 단계이기 때문에 너무 길어져서는 안 된다. 대략 1~2쪽 분량으로 요점을 압축하여 작성하는 것이 좋다. 다음 예문은 휴대 전화의 사용자 인터페이스(user interface) 평가 및 개선을 통한 유용성(usability) 향상을 다루고 있는 실험 보고서의 서론 부분이다.

실험 배경.

최근 휴대 전화 시장은 급속한 기술 변화를 보이고 있다. 휴대 전화에 디지털 카메라 기능이 추가되고, 휴대 전화로 동영상을 촬영하고 감상할 수도 있다. 뿐만 아니라 각종 인터넷 정보를 검색할 수 있으며, MP3를 장착한 제품까지 등장하는 등 다양한 부가 기능들이 빠르게 추가되고 있다. 이러한 변화와 함께, 휴대 전화 분야의 사업에서는 사용자 인터페이스 및 유용성에 대한 관심이 점점 커지고 있다.

실험 목적과 방법.

이 실험은 기존의 연구 결과 및 경험을 바탕으로 시스템을 설계하는 방법 가운데 가장 많이 사용되는 발견적 평가(heuristic evaluation)를 통해 점점 복잡해져 가는 휴대 전화의 인터페이스를 평가하고, 그중 불편한 점에 대해 새로운 개념의 사용자 인터페이스를 PlayMo를 통해 구현하고 평가하여 개선하는 데 목적을 두고 있다. 발견적 평가는 사용자 인터페이스 전문가들이 사용자 인터페이스의 각 요소가 확립된 유용성 판단 기준에 따르고 있는지 판단할 수 있는 유용성 테스트 방법 중의 한 가지이다. 유용성 테스트란 시스템에 대한 사용자 상호 작용 경험 정도를 테스트하는 것으로 인터넷 웹사이트, 소프트웨어, 어플리케이션, 모바일, 뉴미디어 등 사용자를 필요로 하는 모든 것을 범위로 한다.

실험 범위.

유용성은 어떤 도구의 사용자가 원하는 기능을 얼마나 쉽게 찾아내서 적절하게 활용할 수 있는지를 가늠하는 것이다. 이를테면 VTR을 구입한 소비자가 예약 녹화 기능이 너무 복잡하여 좀처럼 이용하지 않는다면 그 예약 녹화 기능의 유용성은 낮다고 할 수 있다. 최근 컴퓨터 소프트웨어와 웹사이트 개발에 유용성이 고려될 경우 적은 비용과 노력으로 커다란 효과를 거둘 수 있다는 사실이 밝혀지면서 이 유용성 개념은 '사용자에게 편리한(user-friendly)' 웹사이트 디자인에서 핵심 개념으로 자리 잡았다. 유용성에서 고려해야 할 사항들로는 쉽게 배울 수 있을 것, 효율적으로 이용할 수 있을 것, 기억하기 쉬울 것, 오류를 미리 방지할 것, 사용자에게 만족감을 줄 것 등을 꼽을 수 있다.

선행 연구의 현황.

현재까지 발표된 사용자 인터페이스에 대한 설계 가이드라인은 연구자와 분야에 따라 여러 가지가 있다. 유용성 평가의 전문가 제이콥 닐슨은 자신의 저서 『유용성 공학(*Usability Engineering*)』(1994)에서 이러한 복잡한 지침을 적용하는 번거로운 과정을 과감하게 생략하고, 몇 명의 전문가들로 하여금 그들의 기준을 가지고 유용성을 평가하도록 했다. 그는 유용성을 판단할 수 있는 열 가지 기준을 다음과 같이 제시했다.(표 생략)

4) 실험 목적: 나는 왜 이 실험을 하는가?

실험 목적 항목에서는 실험을 통해 얻고자 하는 바, 즉 실험 목적을 구체적으로 기술해야 한다. 그 실험이 왜 필요한지, 실험 과정을 통해서 어떤 결과를 얻어내려고 하는지 그리고 실험을 통해서 확인하려고 하는 현상이나 이론 및 사실 등이 무엇인지 독자들이 충분히 이해할 수 있도록 기술해 주어야 한다. 그러나 실험 목적 역시 실험 결과나 실험 방법 등의 다른 항목들에 비해 너무 길어지지 않도록 핵심 사항만을 간단명료하게 작성하는 것이 바람직하다. 다음 예문은 '아스피린의 합성과 순도 측정'이라는 실험 보고서의 목적을 제시한 것이다.

실험 대상의 소개.　　　　　　실험 목적의 소개.

아스피린은 1853년에 처음 합성된 의약품으로 1899년에 처음 시판되었지만 지금까지도 세계적으로 가장 많이 팔리는 진통 해열제 가운데 하나이다. 이 실험은 유기산과 알코올에서 에스테르가 만들어지는 과정에서 아스피린을 합성하고, 이것을 염기성 표준 용액과의 산염기 적정법을 통해 농도를 결정함으로써 순도를 측정하는 데 목적이 있다.

5) 실험 이론: 핵심 원리를 서술하라

실험 이론 항목에서는 실험의 내용과 관련된 이론이나 원리에 대하여 정확하고 간결하게 설명한다. 이론은 실험 방법이 타당한 것인지, 측정된 데이터가 어떤 의미를 가지고 있는지 판단할 수 있는 근거가 된다. 따라서 실험의 근간이 되는 이론을 '실험 이론'에서 잘 부각시켜 명확하게 제시해 주어야 한다. 실험 이론과 관련된 사항은 실험 전에 미리 관련 논문이나 저서 등을 통해 자료를 조사하여 정리해두어야 한다.

다음 예문은 공기 부상 궤도 실험의 실험 보고서 중 실험 이론 부분으로, 마찰이 없는 미끄럼판에서의 운동량 보존 법칙과 역학적 에너지 보존 법칙을 기술하고 있는 부분이다.

1. 운동량 보존 법칙

입자의 선운동량은 벡터 P이고, 다음과 같이 정의한다.

$$P = mv.$$

여기서 m은 입자의 질량이고, v는 입자의 속도이다. m은 스칼라 양이므로 P와 v는 항상 같은 방향이다. 입자계에 작용하는 외부력의 합이 0이고 (계는 독립되어 있다.), 어떤 입자도 계를 떠나거나 들어오지 않는다(계는 닫혀 있다). 알짜힘 $F = 0$으로 놓으면,

$$dP/dt = 0이 되어 P = 일정 \rightarrow 선운동량 보존 법칙.$$

이 된다. 이것은 만약 외부력이 입자계에 작용하지 않는다면 계 전체의 선운동량은 일정하게 유지된다는 것을 보여 준다. 선운동량 보존 법칙은 뉴턴 역학이 성립하지 않는 원자 내부의 영역에서도 성립한다.

운동량 보존 법칙은 두 물체의 충돌이 탄성 충돌인 경우와 비탄성 충돌인 경우에 모두 성립한다. 운동량 보존 법칙과 역학적 에너지 보존 법칙을 사용하여 충돌 후 결과를 예측할 수 있다.

6) 실험 장치 및 방법: 구체적으로 자세하게

실험 보고서에서 이 부분은 실험의 순서, 실험 장치, 실험 조건, 측정 원리 및 방법, 데이터 작성 방법의 순서로 기술한다. 이때 실험 조건과 관련된 표, 측정 원리의 모델이 되는 그림, 실험 순서와 측정 방법의 흐름을 표시한 도표를 기재할 필요가 있을 경우 교과서의 도표를 복사한 것이 아니라 반드시 스스로 작성한 것을 붙인다. 도표를 직접 작성함으로써 실험 내용을 좀 더 깊이 이해할 수 있다. 다음 예문은 앞의 공기 부상 궤도 실험의 실험 보고서 가운데 실험 장치와 방법을 설명하고 있는 부분이다.

A. 동일한 질량, 정지 상태의 활차 하나

i) 미끄럼판이 완전한 수평이 되도록 하고 Counter/Timer는 아래와 같이 놓고 'Reset'을 누른다.

장치에 대한 설명.

MODE switch	MEMORY	INPUT HOLD	TIMER MODE
SPLIT TIMES	OFF	OFF	GATE

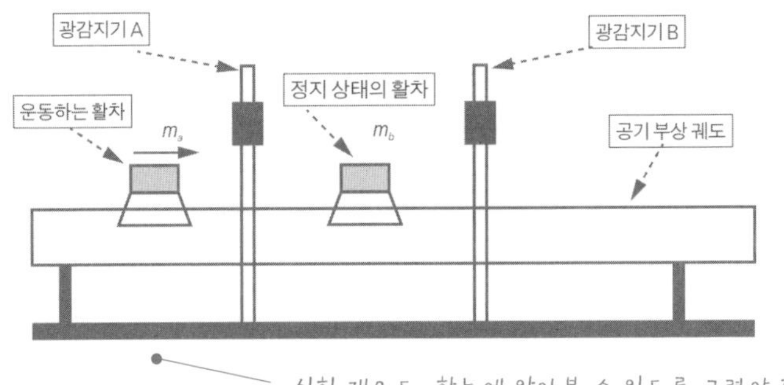

실험 개요도. 한눈에 알아볼 수 있도록 그려야 한다.

ii) 광감지기는 위의 그림과 같이 장치하고, 활차가 완전 탄성 충돌을 할 수 있도록 활차에 고무 링을 두른다.

iii) m_a가 광감지기 A를 통과하는 데 걸리는 시간과 m_b가 광감지기 B를 통과하는 데 걸리는 시간을 측정한다.

iv) 위 실험을 5회 반복하고 속도를 계산한다.

v) 충돌 전과 충돌 후의 운동량과 운동 에너지를 구하여 운동량과 운동 에너지 보존에 대해서 논의한다.

7) 실험 결과: 정확한 기록, 체계적 도표

실험 결과에서는 실험으로부터 얻은 데이터를 잘 이해할 수 있도록 체계적으로 기록한다. 이때 측정의 정밀도와 데이터의 유효 숫자 처리에 유의해야 한다. 또 수치 데이터로 나타난 현상의 변화는 도표로 보여 주어야만 읽는 사람들이 분명하게 이해할 수 있게 된다. 도표는 실험 결과를 정확하고 완벽하게 나타내야 한다. 데이터가 마음에 들지 않는다고 조작하거나 실험으로 얻은 결과가 아닌 추정이나 예측 결과를 기술해서는 안 된다.

다음 예문은 '축전기와 정전 용량'에 관한 실험 결과를 기술한 내용 가운데 한 부분이다.

③ 두께 3mm의 유체판이 있을 경우(a'=6mm)

매질	측정 1			측정 2			(평균)= $\dfrac{C_1+C_2}{2}$	이론치 C(pF)	오차 (%)
	전위차 (kV)	질량 (g)	C_1 (pF)	전위차 (kV)	질량 (g)	C_2 (pF)			
유리	4	4.15	37.3	8	11.59	41.2	39.25	30.44	98
아크릴	4	3.00	70.1	8	11.48	60.7	65.40	33.30	98

→ 측정값 C는 위의 실험 ①, ②를 계산했을 때와 동일하게 $C=\dfrac{2Fd}{V^2}$ 으로 구하면 되지만, 이론치는 구하는 방법이 조금 다르다.(∵ 평행판 사이에 유전체를 넣었기 때문이다.)

→ 전기 용량 $C=\varepsilon\times\dfrac{s}{d}$ (ε: 절연체의 유전율, s: 극판 넓이, d: 극판 사이의 거리)

평행판 사이에 유전체를 넣은 것은 평행판 축전기를 둘로 나누어 직렬로 연결시킨 상황으로 생각할 수 있다. 즉 면적은 그대로 두고 두께를 줄인 평행판 축전기 두 개(하나는 공기, 하나는 유리나 아크릴로 채워진 것)로 생각할 수 있다.(직렬 연결이므로, $\dfrac{1}{C}=\dfrac{1}{C_1}+\dfrac{1}{C_2}$)

$$C_1=\varepsilon_0\times\dfrac{s}{d^1},\ C_2=2.56\,\varepsilon_0\times\dfrac{s}{d^2}\ (\text{아크릴}).$$

$$C_2=5.6\,\varepsilon_0\times\dfrac{s}{d^2}\ (\text{유리}).$$

8) 고찰: 결국 이 실험의 의미는?

실험 이론에서 실험 결과까지는 실제로 수행한 실험 절차와 데이터를 정리하는 과정으로, 전공 학문에 따라 형식만 조금 다를 뿐 기술 방법에는 큰 차이가 없다. 그러나 고찰에서는 실험자의 독자적인 면이 드러난다.

고찰의 목적은 실험을 통해 얻은 결과에 의미를 부여하고 평가를 내리는 데 있다. 결과 자체만 가지고서는 아무것도 알 수 없기 때문에 그에 대한 해석이 필요하다. 즉 실험 결과를 해석하고 실험의 결과가 이론과 부합하는지 상세하게 설명하며, 그와 함께 어떤 문제가 발생했는지에 대해서도 언급한다.

이 단계에서는 '얻어야 할 실험 결과'와 '실제로 얻은 실험 결과'의 차이를 구체적으로 고찰하게 된다. 데이터의 오차 분석, 실험 순서나 측정 방법의 차이 등을 정밀하게 검토하여 양자의 차이가 발생한 원인을 밝혀 주어야 한다. 고찰을 더 완전한 형태로 만들기 위해서는 자신이 얻은 결과를 다른 자료의 결과와 비교해 보는 것이 필요하다. 또한 고찰을 통해서 앞으로 연구할 과제, 그 과제를 해결할 수 있게 해 주는 실험 기술과 해석 방법을 구체적으로 얻을 수 있다.

다음 예문은 '축전기와 정전 용량' 실험에 대해 고찰하고 있는 부분이다.

실험 과정 요약.

이번 실험은 일정 간격(4, 6, 8, 10, 12mm)으로 떨어져 있는 평행한 두 도체판 사이의 정전 용량을 측정하는 것이다. 도체판의 면적, 도체판 사이의 거리, 전위차를 달리하면서 실험을 진행했다. 그리고 두 도체판 사이에 유전체(유리, 아크릴)를 넣었을 때 정전 용량이 어떻게 달라지는지에 대해서도 실험했다.(중간 생략)

실험 결과 도체판의 면적이 클수록, 두 도체판 사이의 거리가 가까울수록 정전 용량이 증가한다는 것을 알 수 있었다. 그리고 도체판 사이에 유리, 아크릴 판을 넣었을 때 정전 용량이 증가했는데, 이것은 유전율(ε)이 진공의 유전율 ε_0에 비해 크기 때문이다.

오차 분석.

실험 전반에 걸쳐 큰 오차가 발생했다. 우선 전자 저울의 평형이 문제였다. 무게를 재는 판의 받침 기둥이 하나여서 이리저리 흔들렸다. 그래서 정확한 평형을 맞출 수 없어서 두 도체판이 평행하지 못했다. 때문에 전압을 올림에 따라 '지지직' 하는 소리가 간간히 들렸다. 전압을 4kV, 6kV, 8kV 이렇게 세 번 변화시키며 실험을 했으나 그 값의 평균을 낼 때에는 가장 좋은 두 경우로 계산했다. 8kV에서는 전압이 큰 만큼 질량 측정 시 변동이 잦았기 때문에 제외시켰다. 유전율 실험에서 다른 조와는 다르게 유리의 유전율이 아크릴에 비해 적게 나왔다. 이 역시 저울에 의한 평형과 도체판의 불일치에 기인한 것으로 판단된다.

실험 결과 생긴 문제점에 대한 언급.

9) 결론: 일반화와 전망 제시

결론에서는 주요 사항을 다시 언급하고, 최초의 문제 제기에 비추어 결과를 요약하며 일반화를 도출한다. 결론은 실험 결과에서 제시한 내용을 포함해야 하며, 다른 학문적 관심사와 이후의 연구로 연결될 수 있어야 한다.

결론에서는 실험 방법이나 결과 및 논의 내용 등에 대하여 다시 반복하지 않는다. 그뿐만 아니라 데이터나 실험 결과에 의해 뒷받침되지 않는 내용을 진술해서는 안 된다. 다음 예문은 선택 반응 시간(Choice Reaction Time)에 관한 실험 보고서의 결론 부분이다.

실험 결과의 요약

이 실험에서는 정보량과 눈과 손의 협응(eye-hand) 반응에 걸리는 시간을 알아보았다. 임의의 숫자가 무작위적으로 잠시 동안 나올 때마다 마우스를 클릭하고 그 시간차를 이용하여 협응 반응 시간을 구해 보았다.

이 실험을 통해 $\log_2$ 값과 반응 시간은 선형적 관계가 있음을 회귀 분석을 통해 확인할 수 있었다. 그러나 이 실험에서는 얼마나 마우스를 잘 사용하느냐에 따라 개인적 편차가 크게 발생하는 것으로 나타났다. 이 실험에서 얻은 결론을 바탕으로, 반응 시간을 일상생활에서 원하는 정도로 줄이기 위해서는 정보량을 어느 정도 주어야 하는지 알아낼 수 있었다.

앞으로 더 연구되어야 할 부분은, 목표물이 임의로 변하는 경우에 어떤 결과가 나타나느냐 하는 것과, 눈과 손의 협응 반응이 아닌 다른 관계에서의 반응은 어떤 기울기와 절편을 갖게 되는가이다.

향후의 연구 필요성 제시.

10) 참고 문헌

실험 보고서를 최종적으로 마무리하는 단계에서는 작성 과정에서 도움을 받았거나 인용한 글, 문헌, 아이디어 및 도표 등의 출처를 정확하게 제시해 주어야 한다. 보고서를 작성하는 과정은 다른 사람의 이론이나 성과를 존중하면서 다룬다는 게 어떤 것인지 배우는 훈련이기 때문에 참고 문헌 작성법에 대해서도 정확하게 알고 있어야 한다. 참고 문헌의 각 항목에는 저자 이름, 책이나 논문의 제목, 발행 연도, 권호 정보 및 참고한 부분의 쪽 번호 등 필요한 사항을 기입해야 한다.

연습 문제

1. 아래에 제시된 표를 보면서, 실험 보고서에 포함될 각각의 항목 안에 들어가야 할 주요 내용과 유의 사항들을 정리해 보자.

	포함되어야 할 내용	유의 사항
표지 제목 서론 실험 목적 실험 이론 실험 장치 및 방법 실험 결과 고찰 결론 참고 문헌		

2. 실험 보고서와 학술 논문의 주요 차이점이 무엇인지 설명해 보자.

3. 보고서를 비롯한 다양한 과학 문서에는 쪽 번호를 표기하는 일정한 형식이 있는데, 실험 보고서의 경우 어떻게 쪽 번호를 표기하는지 설

명해 보자.

1) 서두의 쪽 번호

2) 본문의 쪽 번호

3) 길이가 긴 보고서의 쪽 번호

4) 쪽 번호의 위치

4. 실험 보고서에서 사용할 수 있는 그래픽 프로그램의 종류를 들고, 정리해 보자.

5. 실험 보고서에서 표를 만들 때 고려해야 할 사항들에 대해 정리해 보자.

6. 참고 문헌에 서지 사항들을 정리할 때 국문과 영문의 경우 각각 어떤 원칙에 따라 기입하게 되는지 예를 들어 설명해 보자.

9장 논문

과학에서는 생각을 먼저 떠올린 사람이 아니라
세상을 납득시키는 사람에게 명예가 찾아온다.
● 윌리엄 오슬러 경

1. 논문이란 무엇인가?

논문은 어떤 특정한 주제에 대한 깊이 있는 연구를 통해 얻은 학문적 결과와 성과를 많은 사람들에게 알리기 위해 해당 분야의 전문 지식과 언어를 동원하여 글로 표현하는 의사소통 방식이다. 논문은 크게 학술 논문과 학위 논문으로 나눌 수 있다.

2. 학술 논문은 어떻게 구성되는가?

보통 전문 학술 단체들은 학술지를 정기적으로 발행하면서 회원들 서로의 학술 교류를 도모한다. 엄밀한 의미의 학술 교류 및 학문 활동이란 논문을 쓰고 그와 관련된 의견을 나누는 행위를 통해 이루어진다. 학술 논문은 다음과 같은 몇 가지 특징을 가지고 있다.

- 독창성이 생명이다.
- 엄격한 작성 지침을 따라야 하고, 학문 공동체의 검증을 받는다.
- 연구 활동과 밀접한 관계를 맺고 있다.
- 연구자의 학문 수행 능력을 평가하는 주요 지표로 활용된다.

학술 논문은 학위 취득을 목적으로 하는 학위 논문과 몇 가지 점에서 차이가 있다. 이를테면 학술 논문에서는 학위 논문에 필수적인 '제출서'나 '인준서' 같은 항목이 필요 없으며, 또 특별한 경우가 아니면 '감사의 글'도 생략되는 경우가 많다. 여기에서는 학술 논문의 구성 요소와 각각의 항목에 포함되어야 할 내용에 대해 살펴보기로 한다. 학술 논문이 갖추어야 할 체재 및 기본 항목은 그림 9. 1과 같다.

1) 제목: 첫인상이 모든 것을 결정한다

제목은 논문의 내용이 무엇인지 한눈에 알 수 있도록 구체적이어야 한다. 정보의 홍수에 빠진 현대의 연구자들은 논문 자료를 검색할 때 제목과 초록만 보고 해당 논문을 계속 검토할지 안 할지를 판단한다. 따라서 제목은 독자의 눈을 사로잡고 논문의 핵심 내용을 빠르게 전달할 수 있어야 한다. 짧은 제목 안에 논문의 핵심 내용이 드러날 수 있다면 가장 바람직하다. 또한 명사만을 나열한 제목보다 의미를 정확하게 서술한 제목이 논문의 내용을 더 분명하게 설명해 줄 수 있다. 다음 예문을 보자.

플라스마 질량 분석기 동위 원소의 Pb 신속 분석법 연구

학술 논문의 체재

1. 서두

1) 제목

2) 초록

3) 핵심어

4) 차례

5) 도표 목록

2. 본문

1) 서론

2) 재료 및 방법

3) 실험 과정

4) 결과

5) 고찰

6) 결론

3. 마무리

1) 감사의 글

2) 참고 문헌

3) 부록

그림 9.1 학술 논문의 기본 체재.

이 제목이 무엇을 의미하는지는 어느 정도 파악되지만 수식 관계가 모호하다. 이 예문을 다음과 같이 바꾸면 연구의 목적과 방법이 명확히 드러난다.

플라스마 질량 분석기를 이용한 Pb 동위 원소의 신속 분석법 연구

2) 초록: 논문을 스케치한다

초록은 논문의 핵심 내용을 간결하게 스케치하는 글로 요약과는 그 성격이나 내용이 다르다. 요약은 본문의 모든 내용을 압축하여 전달하기 위한 것인 반면 초록에서는 본문의 일부분을 생략하거나 축소할 수 있다.

이런 점에서 초록은 어떤 논문에 속해 있긴 하지만 동시에 그 논문과 구분되는 별개의 것이다. 초록은 논제, 실험 방법, 관찰 결과, 관찰의 의미 등을 포함하고 있어야 하며, 필요한 경우 연구의 의의에 대해서도 언급해 주어야 한다.

▶ **초록의 주요 특징** 초록의 주요 특징은 다음과 같다. 이 가운데 몇 가지 특징은 과학 글쓰기가 갖춰야 하는 기본적인 특징과 겹친다.

- 전문적인 요구를 충족시킬 수 있는 충분한 정보를 포함해야 한다.
- 문장은 간결해야 하고 읽기 쉬워야 한다.
- 본문에서 논의된 정보만을 포함해야 한다.
- 논문이 완성된 이후에 씌어진다.

▶ **초록에 포함되어야 할 단계별 내용** 초록은 기본적으로 네 단계로 나뉜다. 초록을 쓸 때에는 읽는 이가 한눈에 초록의 내용을 이해할 수 있도록 표준적인 단계를 따르는 것이 좋다.

- 1단계: 왜 했는가?(목적 소개)

- 2단계: 어떻게 했는가?(방법 설명)

- 3단계: 무엇을 발견했는가?(결과 요약)

- 4단계: 어떤 결론을 내렸는가?(결론 제시)

다음 예문에서 초록이 어떤 형태로 씌어져야 하는지 살펴보자. ①~④의 번호는 앞에서 설명한 각각의 단계를 표시한 것이다.

초록

비정질 유전체 $KNbGeO_5$의 결정화 기구 및 유전 효과 연구

① 이 논문은 $KNbGeO_5$ 유리를 제조하여 그것의 결정화 과정 및 유전 특성에 대해 연구했다. ② 결정화 과정은 열분석 장치를 이용하여 비등온 방식으로 실험했다. 전기적 특성은 Impedance/Gain-Phase 분석기를 이용해 $2℃/min$의 승온율로 상온으로부터 $800℃$의 온도 구간에서, 그리고 주파수는 $100Hz{\sim}15MHz$ 범위에서 측정했다. ③ $KNbGeO_5$ 유리의 결정화에 필요한 활성화 에너지는 $8.1eV$였으며, 결정화 기구를 나타내는 맺음 변수는 4로, 초기 비정질에서 핵을 생성하면서 3차원 성장을 하고 있었다. ④ 유전 특성은 유리 전이 구간에서 결정화 구간까지 원자들과 분자들이 활발하게 움직여 실수부와 허수부에서 모두 급격한 증가를 보였다.

핵심어: 결정화, 나노 결정, 유리, 유전 특성

3) 서론: 독자와 저자 사이의 다리

서론은 글쓴이와 독자가 가진 정보 간격을 이어 주는 다리의 역할을 한다. 즉 서론에서 자신의 연구 기획을 정의하고, 그 맥락을 제시하며, 결과를 통해 얻을 수 있는 이득을 설명해야 한다. 논문 주제와 관련된 선행 연구를 요약하여 제시하는 것도 서론에 포함되어야 할 사항이다.

■ 서론의 기능

- 독자의 주목을 끄는 기능
- 독자에게 논문 내용을 적응시키는 기능
- 목적과 목표를 정의하는 기능
- 결과와 결론을 요약하는 기능

■ 서론의 세 가지 기본 요소

- 문제 제기
- 연구의 배경 설명
- 탐구 사항 및 목표 설정

■ 서론의 단계별 내용

- 1단계: 연구 분야 설정
- 2단계: 선행 연구 요약
- 3단계: 이 연구의 준비(기존 연구의 한계, 문제 제기)
- 4단계: 이 연구의 소개(연구 목적과 방법 제시)

그림 9.2 서론의 기능, 요소, 단계별 내용.

　서론에서는 연구의 구체적인 목표 및 연구 방법을 명시해야 하기 때문에 연구를 계획하게 된 이유와 배경이 드러나게 마련이다. 따라서 서론에서는 해당 주제에 관한 종래의 연구를 비판적으로 조망하는 경우가 많다. 기존 연구의 비판은 자신의 연구와 직접 관계된 것에 한정하며, 될 수 있는 한 간결하게 작성해야 한다. 긴 논문일 경우, 서론의 마지막에서 뒤에 이어지는 논문의 구성을 간략하게 예고해 주면 글을 읽는 사람들에게 도움이 된다.

　다음은 어느 논문의 서론 가운데 앞 부분이다. ①~④의 번호는 서론의 각 단계를 표시한 것이다.

서론

　① 고체 표면 현상에 대한 연구는 초고진공 기술과 분석 장비의 발전으로 급속하게 진전되었다. 2차원적인 표면 현상은 3차원적인 내부 현상으로는 설명할 수 없는 새로운 물리적·화학적 특성을 가지고 있다. 이러한 현상을 이해하기 위해서는 고체 표면의 화학적 조성, 원자 배열과 전자 구조 등에 대한 지식이 필요하다.

　② 학술적으로나 산업적으로 중요한 $Si(100)$에서 $c(4 \times 4)$ 구조상전이에 대한 연구는 이미 여러 연구자들에 의해 다양한 이론적 모델과 실험적 방법을 통하여 행해져 왔다. 실리콘 이합체에 대한 연구는 Pandey의 이론적 예측을 시작으로 이합체의 배열과 순수한 실리콘 기판에 존재하는 결함(defects)에 기초하여 제안되어져 왔다.

　③ 표면에 관련된 여러 가지 현상을 이해하기 위해서는 표면 원자들의 상대적 위치 및 공간적 배열, 그리고 구성 성분을 알아내는 것이 중요하다. 표면을 관찰하는 여러 가지 장비 중 전자선을 고체 표면에 입사시키는 RHEED(Reflection High-Energy Election Diffraction)법은 …… 선명한 상을

관찰할 수 있다. 그리고 이온을 이용한 분석법인 SIMS(Secondary Ion Mass Spectrometry)는 …… 높은 분해능으로 정상 분석 및 정량 분석, 그리고 깊이 방향 분석을 가능하게 해 준다.

ⓓ 이 연구에서는 초고진공에서 RHEED와 SIMS를 이용하여 Si(100)을 1000℃로 가열하여 2×1 구조로 된 시료 표면에 650℃에서 에틸렌 기체를 60L 분사하고 50분간 유지 후 상온에서 c(4×4) 구조 상전이를 확인하고, 시료 표면을 분석하여 탄소 원자를 관찰했다.

4) 재료 및 방법: 근거와 출처를 분명히 하라

재료 및 방법 항목은 연구의 과정을 알려 주는 부분이다. 이를 제시하는 목적은 다른 연구자도 같은 재료와 방법으로 실험과 계산, 통

초록과 서론의 차이

초록과 서론은 모두 논문의 앞쪽에 배치되지만 큰 차이가 있다. 초록에서는 글쓴이가 논문 전체를 통해 드러내고자 하는 바를 정확하게 제시한다. 그리고 이 연구에 사용된 방법론과 실험 과정 및 결과가 무엇인지 보여 준다. 또 문제 제기만 하고 끝나는 서론과는 달리 초록은 결과에 대한 해석까지 제시한다. 또 서론은 1단계에서 연구 범위를 설정하지만, 초록은 1단계에서 연구 목적을 분명하게 드러낸다.

계적 분석을 수행할 수 있도록 하기 위한 것이다. 그렇기 때문에 재료와 방법은 정확하게 기술되어야 한다.

재료 및 방법 항목에서는 연구의 시료와 기구, 그리고 준비 과정에 대해 상세하게 기술해야 한다. 또 기본적인 실험 방법 외에도 수학적이거나 통계적인 분석 방법도 포함되어야 한다. 특히 실험 방법의 근거와 재료의 출처를 확인해 주는 것이 중요하다. 왜냐하면 이런 기초적인 부분에서 실험의 오류가 생길 수도 있기 때문이다.

1) 시료 용액 준비

코발트 표준 용액: 특급 시약인 $CoCl_2 \cdot 6H_2O$ 1.000g을 정확히 칭량하여 2차 탈이온수로 완전히 녹인 후 정제 질산 5mL를 넣고 2차 증류수를 가하여 그 부피가 250mL 되게 한다. 이렇게 만든 코발트 함유 용액은 농도가 1,000ppm이었다. 분석 용액은 2차 탈이온수로 희석하여 원하는 농도로 만들어서 사용했다. 시약 제조에 사용된 탈이온수는 Milli-Q water system(Millipore, Bedford, MA, USA)으로 2차 탈이온시켜 사용했으며 모든 시약은 고밀도 PE(폴리에틸렌)병에 담아서 사용하여 미량의 중금속이 용기 벽에 흡착되는 것을 최소화했다.

침전제: 1-Nitroso-2-naphthol 0.3432g을 순도 95% 에탄올(v/v)에 녹여 200mL가 되게 하여 사용했다. 이렇게 만든 침전체의 농도는 $0.010molL^{-1}$이다.

침전 용해제: MIBK와 에탄올을 여러 혼합비에 대하여 실험한 뒤 2:1의 부피비로 사용했다.

5) 실험 과정: 과학적 검증의 토대

　실험 과정은 재료 및 방법 부분에서 설명한 실험 기구, 시료, 방법 등을 이용한 실험 과정이 어떤 식으로 진행되는지 설명하는 부분이다. 논문의 실험 과정은 다른 과학자의 공개적인 검증과 재연의 근거가 되기 때문에 가능한 한 구체적이고 상세하게 써야 한다. 또 재료 및 방법에서 설명되지 않은 것이 갑자기 기술되지 않도록 주의해야 한다.

실험 과정

　이 실험은 연동 펌프를 이용하여 증류수와 시료, 침전제 및 용해제를 연속적으로 흘려주면서 연결관 세척, 시료 장착, 연속 침전 및 농축, 침전 용해 및 검출의 네 단계를 시행한 다음, 이 과정에서 얻은 시료를 농축 후, 용해시켜 불꽃-AAS로 분석하는 것이다.

　먼저 연결관 세척을 한다. 시료 주입기(injector)의 밸브를 주입구 위치에 두고 연동 펌프를 이용하여 증류수와 용해제 MIBK를 흘려보내어 반응 코일 및 필터에 남아 있는 성분을 씻어 낸다. 그 다음 밸브를 시료 장착 위치에 두고 시료를 주입한다. 이때 침전제를 먼저 흘려보내어 두 코일이 만나는 지점인 T-연결관에 침전제가 도달하면 장착된 시료를 연결관 안으로 집어넣어 친전제와 혼합된 시료가 반응 코일을 지나면서 침전이 생성되도록 한다. 그리고 이 침전물이 필터에 걸려서 농축되게 한다. 마지막으로 침전물이 필터에서 농축되고 나면 증류수를 15초간 흘려서 침전물을 세척한 다음 MIBK를 흘려주어 침전물을 녹이고 원자 흡수 분광기로 집어넣는다.

6) 결과: 무엇을 했나, 무엇을 얻었나?

결과 부분에서는 실험을 통해서 직접 얻은 결과와 계산을 위한 수치나 도표, 그리고 관찰로부터 도출된 내용만을 기술한다. 결과는 객관적인 관점에서 기술되어야 한다.

결과의 내용에는, 우선 '무엇을 했나?'와 '어떤 결과를 얻었는가?'가 포함되어야 한다. 그리고 결과를 기술할 때에는 그림 9. 3과 같은 사항을 고려해야 한다.

다음 예문을 살펴보고 결과를 어떻게 기술해야 하는지 알아보자.

3. 2 복합 전극 45장의 4단 직렬 연결 CDI 효율

결과의 내용에 포함된 사항.

복합 전극 45장을 하나의 단으로 하여 총 4개의 단을 직렬로 연결하여, 충전 전압 1.2V를 10분간 인가했으며 방전은 0.001V로 10분간 인가했다. 처리용액의 양은 각 단에서 1.0l, 세척 용액은 증류수를 0.8l 사용했으며, 이 조건에서 1,000 ppm NaCl 수용액을 처리해서 그 결과를 각각

- 결과로부터 명확해진 것은 무엇인가?
- 방법의 한계는 무엇인가?
- 결과를 통해서 지지하거나 반박할 수 있는 것은 무엇인가?
- 대안적인 설명에는 어떤 것이 있는가?
- 다른 연구자들의 결과나 이전 연구는 그 주제에 대해서 무엇이라고 말하고 있는가?
- 결과의 전체적이거나 일반적인 중요성 혹은 장점은 무엇인가?

그림 9. 3 논문 결과 작성 시 고려 사항들.

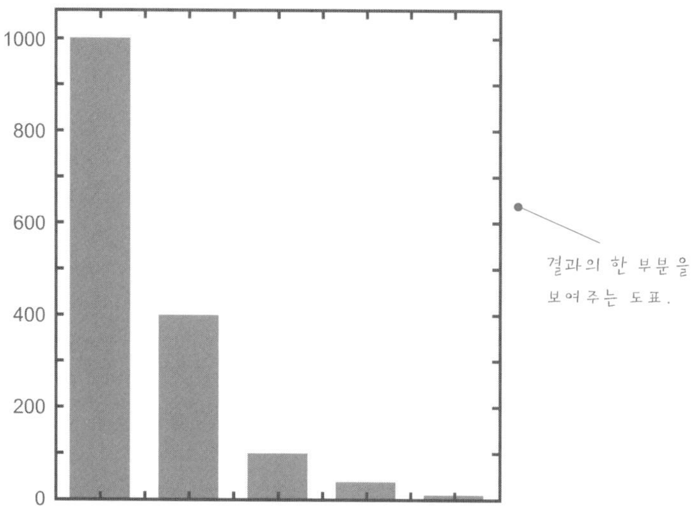

Fig. 4에 보였다. 충방전 전류 곡선에서 살펴보면, 충방전 횟수가 증가할수록 충전 시의 전류 감소가 보다 빠르게 나타났으며, 농도가 높은 관계로 방전 시 나타나는 전류의 증가 및 감소에 대한 기울기가 다소 완만하게 나타났으며, Fig. 4(b)에서 보듯이, 1,000ppm의 염분 농도가 첫 번째 단을 지나면서 399.8ppm으로 감소했으며, 두 번째 단에서 95.6ppm, 세 번째 단에서 25.84ppm, 그리고 마지막 단에서 8.26ppm으로 농도가 감소했다.

복합 전극 45장이 장치된 각각의 단은 충방전기에 전기적으로 연결되고, 충방전에 따른 처리 용액과 세척 용액이 자연적으로 아래로 흘러 처리되며, 경우에 따라서는 자동으로 이러한 반복이 가능하도록 설계되었다.

NaCl 1,000ppm 용액 4l를 4개의 stack cell로 5회 사이클 운전한 데이터를 Fig. 5에 나타냈다. 방전을 하지 않고 연속적으로 충전만 시행했다. 첫 번째 운전에서는 기존에 실험한 것과 같이 입구 대 출구 농도비가 1/100 이하로 나왔으나 두 번째 운전부터는 각각 2/100, 3/100, 10/100, 225/100의 결과가 나왔다.

7) 고찰: 비교와 대조, 그리고 평가

고찰은 연구 결과에서 제시한 사실을 설명하고 그 중요성을 평가하며 결과의 의미를 검토하는 것이다. 고찰은 특별한 결과에 대한 진술로 시작되며, 다른 연구의 결과와 비교·대조하여 서술한다.

고찰은 ① 결과를 실험 전의 예측이나 다른 사람의 실험 결과와 비교·대조함으로써 확장할 수 있고 ② 결과의 형식적인 측면에 문제가 없었는지 살피고 다른 결과와 어떤 관계를 맺을 수 있는지 검토하여 앞으로의 연구에 어떤 의미를 제공하는지를 제시하며 ③ 결과에서 얻은 질적인 측면(수득률 등)을 평가해 그 적용 가능성을 확장할 수 있다. 다음 예문을 통해서 고찰에 포함되어야 할 내용들을 살펴보자.

고찰

[그림 2]는 ZPCCD 계열 바리스터의 Dy_2O_3 첨가량에 따른 E-J 특성을 나타낸 것이다. Dy_2O_3가 첨가되지 않은 곡선은 굴곡 부분이 완만한 곡선 형태를 나타내지만 Dy_2O_3가 첨가되면 그래프 곡선의 굴곡 부위가 뚜렷하게 각형으로 나타났다. 이것은 비직선 지수가 현저하게 증가했음을 나타낸다. 특히 0.5mol%가 첨가된 Dy_2O_3에서 굴곡 부위의 꺾임 정도가 뚜렷한 각형을 보임으로써 최고의 비직선성을 나타낼 것으로 판단된다. 바리스터 전압(V_{1mA})은 Dy_2O_3 첨가량이 증가함에 따라 39.4~436.6V/mn의 범위로 증가했다. 이것은 Dy_2O_3 첨가량에 따른 결정 알갱이의 크기 감소에 따른 결과이다. 마이크로 바리스터 전압(V_{gb})은 Dy_2O_3 첨가 시 일반적으로 알려진 2~3 범위 내에 있는 것을 확인할 수 있다. Dy_2O_3가 첨가되지 않은 바리스터의 경우에는 비직선 지수가 4.5로 낮았으며, 누설 전류(I_{v})는

87.9A로 상당히 높게 나타났다. 이에 반해서 Dy_2O_3가 첨가된 바리스터는 비직선 지수가 큰 폭으로 증가했으며, 누설 전류는 큰 폭으로 낮아졌다. 특히 0.5mol%가 첨가된 바리스터에서 비직선 지수가 66.6, 누설 전류가 1.2A로 가장 우수한 특성을 나타냈다. 이 바리스터는 이미 보고된 ZPCCE, ZPCCYrP 바리스터보다 높은 비직선성을 나타냈다.

[그림 3]은 첨가량에 따른 안정성을 조사하기 위해 DC 가속열화 스트레스 동안 누설 전류의 변화를 나타낸 것이다. 바리스터의 실용 가능성 측면에서 볼 때 V-i 특성 못지않게 중요한 것이 가속열화 특성이다. Dy_2O_3가 1.0, 2.0 mol% 첨가된 바리스터에서 비교적 빠른 시간에 열폭주 현상이 일어났다. 이는 ZnO의 이론 밀도($5.78g/cm^3$)보다 현저하게 낮은 저밀도에 그 원인이 있는 것으로 판단된다. 표 1에 나타낸 바와 같이 1.0, 2.0 mol% 첨가된 바리스터는 누설 전류가 높지 않았음에도 불구하고 열폭주 현상이 일어난 것은 진술한 바와 같이 저밀도에 따른 유효 입계수의 감소로 전류가 한정된 전도 경로로 집중되었기 때문이다. 이와는 달리 0.5 mol% Dy_2O_3가 첨가된 바리스터는 누설 전류가 낮고, 밀도가 이론 밀도의 94%로서 비교적 높기 때문에 4차 스트레스까지도 안정된 가속열화 특성을 나타냈다. 결과적으로 가속열화 특성은 누설 전류보다는 밀도에 더 큰 영향을 받는 것으로 나타났다.

8) 결론: 요약과 강조, 그리고 새로운 문제 제기

결론은 논문의 마지막 단계로, 여기에서는 연구를 통해 밝혀낸 사실들을 요약하여 제시하고 그 중요성을 강조한다. 또한 아직 답을 찾지 못한 문제들을 제시하고 모호한 데이터에 대해 토의하며 앞으로의 연구 방향을 제시한다.

결과와 고찰의 차이

결과와 고찰을 혼동할 수 있다. 결과는 무엇이 일어났는지를 기술하는 것이고, 고찰은 그것들의 의미가 무엇인지를 설명하는 것이다. 다시 말해 결과는 관찰과 그 기술이며, 고찰은 결과에 대한 해석인 것이다.

결과에서는 실험에서 얻은 관측값들을 명확하게 기록해야 하기 때문에 도표나 그래프 같은 시각 자료를 사용한다. 반면에 고찰은 기대한 결과와 실제 결과를 비교하거나, 다른 논문이나 다른 분야의 관련 글들과 비교·대조하는 것이다. 예를 들어 특정 물질을 추출하는 어떤 실험을 했을 경우 결과에서는 그 물질을 얼마만큼 얻었는지, 즉 수득률이 얼마인지를 기록하지만 고찰에서는 그 수득률이 다른 실험의 수득률보다 얼마나 개선된 것인지를 평가한다.

결론

연구 결과의 요약 제시.

스피넬이 올리빈으로 역상변이할 때의 활성화 에너지를 구하기 위해 Mg_2SiO_4 스피넬 시료에 대한 상변이 실험을 고온(1023~1116K)에서 시행했다. 실험에 이용한 실험에 이용한 Mg_2SiO_4 시료는 라지발륨 스플릿 스피어 기기를 이용하여 1200℃ 및 13 GPa에서 합성한 것이다. 고온실험은 SR 및 EDXRD법을 이용하여 SSRL에서 시행했다.

새로 생성되는 올리빈 상에 대해 '주어진 시간에 따른 비분율법(TGFM)'을 이용하여 활성화 에너지 값을 결정했다. Mg_2SiO_4 스피넬에서 올리빈으로의 역상변이에 대한 고온 엑스선 회절 실험 결과, 진공 상태에서 가열했을 때만 상변이가 일어나며, 일정한 온도에서 올리빈 상이 스피넬 상으로부터 시간이 경과하면서 성장하는 것으로 보아 상변이 메커니즘은 '핵생성 및 성장'인 것으로 판단된다. 아브라미 방정식을 이용한 계산 결과 동력학율(k)은 온도가 증가할수록 증가하며, 상변이 지시 인자(n) 값은 대체로 온도가 증가함에 따라 동반 상승하는데, 이러한 현상은 '핵생성 및 성장' 메커니즘이 아마도 온도에 종속적인 것이 아닌가 하는 점을 지시해 주고 있다. 상대적으로 낮은 온도에서는 Mg_2SiO_4-스피넬은 핵이 생성된 자리가 포화된 후, 새로운 결정상이 표면에서 성장을 시작하고 시간이 지남에 따라 내부 쪽으로 이동하는 것으로 판단된다. 그러나 고온에서, 성장은 핵이 생성된 자리가 포화되고 난 후 표면뿐만 아니라, 내부에서도 동시에 시작되는 것으로 보인다. 이 연구에서 관찰한 결과, 스피텔에서 올리빈으로 역상변이할 때 Mg 함량이 증가함에 따라 활성화 에너지가 증가한다는 것이 지시해 주고 있는 점은 양이온과 산소 이온 사이의 결합 에너지가 $(Mg, Fe)_2SiO_4$ 스피넬에서 상변이가 발생할 때 동력학율을 결정짓는 데 가장 중요한 요인이라고 할 수 있다.

연구 결과의 중요성 강조.

9) 감사의 글: 과학은 협동 작업임을 잊지 마라

감사의 글은 해당 연구와 관련하여 개인의 기여나, 단체의 지원 등이 있었을 경우 그것에 대한 감사를 표시하기 위해 붙이는 글이다. 기술적인 도움, 동료들의 조언, 연구비 지원과 기타 사항을 감사의 글에 포함시킨다.

감사의 글에는 무엇에 대한 감사인지 그 내용을 명확하게 해야 하고, 또 사람이나 단체의 양해를 얻은 다음에 써야 한다. 여기에 이름이 기록됨으로써 그 또는 단체가 그 논문 또는 그 논문의 일부에 대해서 다소라도 책임을 질 수 있기 때문이다. 정부 부처나 대학, 연구 기관의 연구비를 지원받아 수행한 논문을 발표할 때에는 반드시 감사의 말에 해당 부처나 기관을 명기해 주는 것이 관례로 되어 있다는 점도 유의해야 한다.

감사의 글

이 논문은 2004년도 ○○ 대학교 학술 연구비 지원에 의해 이루어졌으며, 실험에서 사용된 Si(100) 시료는 ○○ 재단이 지원하는 유전체 은행에서 육성된 시료를 사용했습니다. 또한 연구 과정에서 많은 도움을 준 ○○ 대학교의 ○○○ 교수와 ○○ 박사께 감사드립니다.

10) 참고 문헌

논문을 작성할 때에는 도움을 받은 문헌에 대해 정확하게 밝혀 주어야 한다. 문헌을 인용하는 방법과 표기 형식은 전공과 학술 분야 그리고 학술지에 따라서 다르게 정해져 있기 때문에 투고 규정을 잘 살펴보아야 한다. 출간되지 않은 자료나 개인적인 편지를 인용할 때에는 당사자의 양해를 얻어야 한다.

참고 문헌 표기 방법을 참고할 수 있는 규정으로는 CBE(Council of Biology Editors), IEEE(Institute of Electrical and Electronics Engineers, Inc.), MLS(Moderrn Language Associations), CMC(Chicago Manual of Style) 및 ACS(American Chemical Society) Guide 등이 있다. 이들 규정은 학문 영역별로 다르기 때문에 논문을 작성할 때에는 해당 분야의 규정을 잘 숙

지하여 적용해야 한다.

참고 문헌을 작성하는 방식을 몇 가지 경우로 나누어 제시하면 다음과 같다.

▶ **본문에서 문헌을 인용할 때**에는 저자명과 발행 연도를 사용하여 표시한다. 저자명은 우리말 문헌의 경우에는 성명을, 영문 문헌의 경우에는 성(last name)을 기재한다.

> Zoch(1934)의 결과는 이후 개발된 여러 수문 모형(McCarthy, 1938; Clark, 1945; Nash, 1959a)에서 이용되었다. 그리고 최근 들어 많은 연구가 진행되고 있다(안태홍, 1988; 이성기 등, 1983; Wood et al., 1990).

▶ **정해진 배열 순서 따라** 다음과 같이 정리하여 그 출처를 밝힌다. 논문집 및 단행본의 제목은 겹낫표(『 』, 영어에서는 이탤릭 서체), 논문 및 보고서의 제목은 낫표(「 」, 영어에서는 " ")를 사용해 표시한다.

> ■ **학술 논문**: 저자, 논문 제목, 학술지명, 발행 기관, 권호 정보, 출판 연도, 게재 쪽.

> 김문영, 「剪斷變形을 고려한 뼈대 구조의 기하학적인 비선형 해석」, 『대한토목학회논문집』, 대한토목학회, 35권 2호, 1993, 241~245쪽.
>
> Becker, R., "The effect of porosity distribution on ductile failure", *J. of Mech. and Phys. of Solids*, Vol. 35, No. 5, 1986, pp. 577-599.

> ■ **단행본**: 저자, 저서명, 출판사(출판 지역), 출판 연도.

이기우, 『강뼈대의 소성설계법』, 토목사, 1970.

Polmear, I. J., *Light Alloys: Metallurg of the light metals*, 3rd ed., Arnold
Book Co., London, 1995.

■ **학술 연구 보고서** : 저자, 보고서 제목, 보고서 종류(번호), 연구 기
관, 출판 연도.

박상진 등, 「PC용 하천수질관리 모델의 개발 연구보고서(I) : 반응
계수에 대한 연구를 중심으로」, 건기연 87-EE-113, 한국건설
기술연구원, 1987.

10) 부록

　논문의 본문 안에는 포함시킬 수 없었지만 논문의 내용을 한층 깊
이 이해하는 데 도움이 될 만한 부분들은 부록으로 달아 준다. 예를
들면 샘플 계산, 실험 장비 및 장치 목록, 공식의 유도 과정 등을 부록
에 포함시킬 수 있다.

　부록은 논문의 맨 뒤에 붙이며, 두 개 이상의 부록을 다룰 경우에
는 '부록 1(Appendix 1)', '부록 2(Appendix 2)' 등으로 번호를 매겨 준다.
부록에 사용되는 기호는 본문에서 사용한 것과 일치해야 한다.

학위 논문의 쪽 · 그림 · 표 번호 붙이기

- 표지와 인준서에는 쪽 번호를 붙이지 않는다.

- 서두와 마무리 부분에서는 로마 숫자(i, ii, iii, I, II, III 등)를 사용하여 쪽 번호를 붙인다.

- 그림 번호는 그림 밑에 붙인다. 그림 번호는 대괄호를 사용하여 [그림 2. 1], [그림 2-2]의 형식으로 붙일 수 있고 대괄호를 생략하고 그림 2. 1, 그림 2-2 등과 같이 붙일 수 있다.

- 표 번호는 표 위에 붙인다. 숫자를 사용하여 표 9. 8, 표 10. 8의 형식이나 로마자를 사용한 표 II, 표 IV 등의 형식으로 붙인다.

3. 학위 논문의 구성

학위 논문은 학위 취득을 목적으로 일정한 형식에 의해 작성되고 규정된 심사를 거쳐 대학에 제출되는 글이다. 학위 논문도 기본적인 체재는 논문의 일반적인 체재를 따른다. 하지만 세부적인 사항은 대학마다 조금씩 다르다. 그림 9. 4는 학위 논문의 일반적인 체재를 예시한 것이다.

학위 논문의 체재

1. 서두

　1) 표지와 제목

　2) 인준서

　3) 국문 초록

　4) 논문의 차례

　5) 표와 그림 차례

　6) 약어 목록

2. 본문

　1) 서론

　2) 재료 및 방법

　3) 실험 과정

　4) 결과

　5) 고찰

　6) 결론

3. 마무리

　1) 참고 문헌

　2) 부록

　3) 영문 초록

그림 9.4 학위 논문의 일반적인 체재.

연습 문제

1. 다음은 어느 논문의 결론 가운데 주요 부분을 발췌하여 제시한 것이다. 이를 바탕으로 이 논문의 적절한 제목을 국문과 영문으로 만드는 연습을 해 보자.

   1) 본 연구에서는 평판형 유도 결합 BCl_3/Ne 플라스마(PICP)를 이용하여 III-V 화합물 반도체의 건식식각 결과를 분석했다.

   2) OES를 이용한 평판형 유도 결합 BCl_3/Ne 플라즈마 peak들의 분석 결과 낮은 ICP 전원 전압($<100W$)에서는 ICP 전원 전압이 증가해도($0-100W$) 플라스마 밀도에 영향을 거의 주지 않는다는 것을 알 수 있었다.

   3) 평판형 유도 결합 BCl_3/Ne을 이용한 III-V 화합물 반도체의 건식식각에서 Ga기반과 In 기반의 화합물 반도체의 식각률은 BCl_3의 혼합비가 $25 \sim 50\%$의 범위일 때 가장 높았다.

   4) 따라서, BCl_3/Ne 가스를 이용한 평판형 유도 결합 플라스마 시스템은 Ga 기반 III-V 화합물 반도체 소자의 플라스마 식각 공정 시 진보된 플라스마 원천으로 더욱 유용하게 이용될 수 있을 것이다.

2. 다음의 글은 '강화 공정에 따른 비균질 티타늄 금속기 복합 재료 모델링'이라는 제목의 연구 결과를 고찰하여 얻은 결론이다. 이 글을 토대

로 결론을 작성할 때 포함해야 할 사항들에 대해 정리해 보자.

이번 연구에서는 포일-섬유-포일 방식과 고온 진공 가압 방법을 이용하여 연속 섬유 강화 티타늄 금속기 복합 재료를 제작했으며, 강화 공정에 수반되는 변형 기구를 바탕으로 미시 조직의 변화 및 공정 정도를 비교·분석했다. 또한 강화 공정에 따른 불균일 변형 특성과 기지 재료의 초소성 변형 특성을 다공성 재료의 비탄성 거동과 연계하여 통합화된 구성 방정식을 제시했으며, 유한 요소 해석을 통하여 불균일 변형 특성이 강화 공정에 미치는 영향에 관하여 고찰했다. 주요 결론은 다음과 같다.

1) 강화 공정에 따른 미시 조직의 변화는 복합 재료 내의 섬유 배열에 따라 비균질 결정 알갱이의 크기와 분포의 변화로 설명할 수 있었다.

2) 복합 재료 내에서 이와 같은 불균일 섬유 분포는 등축 α, transformed β 및 Widmanstätten α와 같은 미시 조직의 변화를 촉진시킨다. 응력 집중 및 변형률의 국부화가 심한 영역에서는 동적 재결정 기구가 주된 변형 기구로 작용되며, 상대적으로 균일 응력 상태 영역에서는 결정립 성장이 그리고 이들의 중간 영역에서는 정적 재결정이 각각 주된 기구로 작용함을 확인했다.

3) 동적 재결정은 온도보다 응력 집중 및 변형률의 국부화에 더 많이 좌우되며 따라서 섬유 분포 형태에 따라 미시 조직의 진전이 상당한 차이를 보이고 있음을 확인했다.

4) 기지 재료의 불균일한 특성이 고려된 구성 방정식과 기본-셀 모델을 이

용한 유한 요소 해석 결과, 더 정밀한 변형 기구를 바탕으로 한 비균질 미시 조직 모델이 균일 조직의 진전 모델을 이용한 공정 진행 정도 예측 결과와 비교하여 매우 향상됨을 알 수 있었다.

3. CMC 및 ACS Guide의 참고 문헌 표기 규정에 대해 조사하여 정리해 보자.

4. 학위 논문의 참고 문헌은 학문 영역별로 다소 차이는 있지만 대개 저자, 논문 제목, 학위 종류, 학위 수여 기관, 그 소재지(국외인 경우), 출판 연도 등의 순으로 달아 주는 것이 관례이다. 아래에 순서 없이 제시한 사항들을 참고 문헌의 형식에 맞게 정리해 보자.

1) 박사 학위 논문, 연세대학교, 아스파트 콘크리트 포장체의 구조적 능력 평가에 관한 연구, 이관호, 1992

2) University of Alberta, Canada, Edmonton, Alberta, Ph.D dissertation, *Turbulent impinging jets*, Beltaos S., 1974

10장 제안서

잘 된 제안서를 읽으면 프로젝트 단계마다
무슨 일이 이루어질지 알 수 있다.

● 제임스 패러디 • 뮤리얼 짐머만

1. 제안서는 다른 사람을 설득하는 문서

과학 기술자는 다양한 제안서를 쓰게 된다. 학위 논문을 쓰고자 한다면 사전에 지도 교수 및 학교에 연구 계획서를 내야 하고, 연구 자금을 지원받고 싶으면 지원 기관에 연구비 신청서나 제안서를 제출해야 한다. 사업에 나설 때에는 사업 기획서를 써야 할 것이다. 이렇듯 제안서를 쓰는 주된 목적은 연구 및 사업을 시작하거나 지속하기 위해 승인과 지원을 요청하는 데 있다.

제안서란 간단히 말해 채택되기를 목표로 하는 '계획'의 문서이다. 즉 실험이나 계산의 결과를 기술하는 것이 아니라 어떤 문제의 해결책을 제안하여 그 승인과 지원을 요청하는 문서이다. 일반적으로 제안서는 경쟁을 거쳐 채택된다. 따라서 검토하는 사람을 충분히 설득할 수 있어야 한다. 다시 말해 그 연구가 왜 꼭 필요하고, 연구가 수행되었을 때 어떤 긍정적 효과가 있는지 분명히 밝혀야 하며, 제안자가 그 연구를 수행할 적임자임을 부각하고 이해시켜야 한다.

제안서에는 그 밖의 기능도 있다. 먼저 제안서는 과제 수행을 위한 승인과 지원을 요청하는 과정에서 학생과 지도 교수, 연구자와 위원회 혹은 지원 기관 사이의 의사소통 수단이 된다. 또 제안서가 채택되었을 때 제안자와 승인자 사이의 협약서 구실을 하게 된다. 끝으로 제안서는 '계획'의 문서이지만 과제 수행의 청사진이기도 하다.

2. 제안서 작성의 전략

1) 사전 준비: 정보를 수집하라

제안서를 쓸 때에는 제안서의 목적과 성격, 그리고 독자를 알고 있어야 한다. 구체적으로 제안서를 쓰기 전에 아래의 몇 가지 사항을 고려하는 것이 좋다.

▶ **공모의 성격을 파악한다.** 제안서를 쓸 때에는 공모의 내용과 성격을 고려해야 한다. 일반적으로 지원 기관은 특정한 조건을 명시하여 공모한다. 그 조건을 정확하게 파악하고 그 의미를 이해하는 것이 무엇보다 중요하다.

▶ **물어서 도움을 받는다.** 연구를 공모한 지원 기관이나 기업체의 정확한 의도를 아는 것은 매우 중요하다. 특히 지원 기관이 제안서의 평가 기준을 제시한 경우 제안서 작성의 매 단계에서 이 기준을 주의 깊게 검토해야 한다. 지원 기관의 과제 담당 직원이나 기업체의 담당 관리자와 접촉해 평가 기준을 직접 확인할 필요도 있다. 과거에 지원

을 받은 제안서를 검토하고, 지원을 받아 연구를 수행한 동료나 경험자의 조언을 듣는 것도 좋다.

▶ **소속 기관의 동의와 승인을 거친다.**　제안서는 제안자가 소속된 기관을 법적으로 묶는 구속력을 가질 수 있다. 그렇기 때문에 제안서를 제출하기 전에 그 내용을 소속 기관(학생이면 담당 지도 교수에게, 회사원이면 직속 상사에게)에 알리고 반드시 책임자의 허가를 받아야 한다.

2) 제안서 작성 요령

제안서는 남을 설득하는 문서이다. '가치있는' 연구 및 사업 계획을 찾는 독자를 설득하기 위해서는 충분한 준비가 필요하다. 제안서의 내용이 충실해야 함은 물론이거니와 좋은 형식에 대한 충분한 구상, 글쓰기에 대한 사려 깊은 준비가 필요하다. 이를 위해 다음 사항을 고려하는 것이 좋다.

▶ **대응표를 만든다.**　제안서와 관련해 요구 사항이나 지침이 있을 경우 그것을 얼마나 충족시키고 있는지 보여 주는 대응표(compliance matrix)를 만들면 매우 유용하다. 제안자 스스로 각 요구 사항이나 지침에 얼마나 충실히 따랐는가를 파악할 수 있을 뿐만 아니라 평가자 또한 자신의 요구 사항이나 지침이 어떻게 처리되었는지 확인할 수 있기 때문이다.

대부분의 제안서는 제출문, 표제지, 차례, 도표 목록, 요약 등이 담긴 서두 부분과 연구 및 사업의 내용, 연구자 및 제반 시설에 대한 내용, 비용 명세 사항 등이 담긴 본문, 그리고 약간의 부록 항목을 포함

대응표

요구 사항	처리 사항(쪽)
서두	
제출문	
표제지	1
요약/초록	3
차례	5~6
도표 목록	7
대응표	8
기술 부문	
연구 대상	9~10
연구 방법	11~15
예상 결론	16
관리 부문	
업무 목록	17
일정표	18
참가 자격	19~21
관련 경험	22~23
관련 설비	24
예산	
비용	25~26
근거	26~27

그림 10.1 제안서 작성을 위한 대응표.

한다. 지침이 없는 경우에도 일정한 양식에 맞추어 써야 한다. 그림 10. 1은 대응표의 간단한 예이다.

▶ **시간 여유를 갖자.** 제안서는 시간적으로 여유 있게 준비하는 것이 좋다. 쓰기를 미루다가 마감일을 눈앞에 두고 바쁘게 작성하는 경우가 있는데, 그렇게 하면 사려 깊고 체계적인 계획을 세우기가 어려워진다. 제안서란 정해진 시간 안에 연구 결과를 내기 위한 계획을 수립하는 것이므로 연구의 각 단계에 걸리는 시간도 충분히 고려해야 한다.

▶ **구성원 간의 업무 분담은 유기적으로 이루어져야 한다.** 제안한 연구의 참가자가 여럿일 때에는 제안서를 준비할 때부터 서로 자주 만나 각자의 임무를 분명히 하는 것이 좋다. 연구 책임자뿐만 아니라 구성원 모두가 제안서의 내용을 숙지해야 한다. 각 구성원은 자신에게 할당된 부분의 개요를 구체화해야 하며 제안서 각 부분의 담당자가 누구인지도 알고 있어야 한다. 구성원들은 정기적으로 만나 더 좋은 내용 구성, 문장, 디자인 등에 대해 토론하고 자신 맡은 역할에 최선을 다해야 한다.

▶ **형식을 정해 둔다.** 제안서가 일관성을 유지하려면 형식을 사전에 지정해 두는 것이 좋다. 즉 수식과 약어의 표현 방식, 활자의 크기, 그림과 표의 위치 등을 먼저 정해 둔다. 형식의 일관성은 글쓴이가 제안서를 준비하는 데 세심했음을 보여 주는 최소한의 표식이다.

▶ **온라인으로 제출할 수 있다.** 최근에는 서류 없이 인터넷을 통해 온라인으로 제안서를 제출하는 일이 흔하다. 이렇게 하면 책임 연구자뿐

- 제안자는 무엇을 하려고 하는가?
- 연구 기간과 예산은 적절한가?
- 제안된 과제를 통해 문제를 해결할 수 있는가?
- 과제는 실현 가능한가?
- 접근 방법은 타당하고 적절한가?
- 결과를 객관적으로 평가할 수 있는가?
- 제안자는 과제를 수행할 수 있는 자질을 갖췄는가?
- 결과는 다른 사람들에게도 유용한가?

그림 10.2 제안서를 쓰기 전에 점검해야 할 항목들.

만 아니라 관계된 여러 사람들이 인터넷에 접속하여 자신의 의견을 제시하거나 문서를 수정할 수 있다.

제안서를 쓸 때에는 자신이 제안한 과제가 좋은 주제이며 지원을 받을 가치가 있고 지원 기관의 의도에 부합한다는 것, 그리고 제안자가 다른 경쟁자들보다도 더 훌륭히 과제를 수행할 능력이 있을 뿐만 아니라 양질의 결과를 보장한다는 점을 검토자에게 납득시켜야 한다. 과제의 수행 계획 및 시간과 비용에 관한 계획은 특히 타당하고 합리적이어야 한다. 성공적인 제안서를 쓰기 위해서는 지원 기관이나 심사 기구가 무엇에 초점을 둘지 생각하고 이에 대해 효과적으로 답할 수 있어야 한다. 그러기 위해서는 대략 그림 10. 2와 같은 내용을 고려할 필요가 있다.

3. 제안서의 구성

제안서의 형태는 다양하다. 제안서의 종류에 따라 어떤 항목이 필요하거나 필요하지 않을 수도 있다. 그럼에도 불구하고 대부분의 제안서에 공통되는 기본적인 틀이 있다. 제안서는 크게 서두, 본문, 부록의 세 부분으로 구성된다.

---

1. 서두

  1) 제출문

  2) 표제지

  3) 요약

  4) 차례

  5) 도표 목록

2. 본문

  1) 서론

  2) 과제의 배경

  3) 과제 수행 방법

  4) 결론

  5) 인력

  6) 예산

3. 부록

  1) 참고 문헌

  2) 세부 사항 첨부

그림 10.3 제안서의 일반적인 체재.

제안서의 형식은 제안 요청서의 지침이나 지원 기관의 요구에 따라 수정될 수 있다. 그림 10. 3의 모든 항목을 포괄하는 긴 제안서도 있을 수 있지만 각 항목을 간략히 다루거나 여러 내용을 하나로 묶어서 만든 짧고 간단한 제안서도 있을 수 있다. 각 항목에서 다루는 내용을 간단히 살펴보면 아래와 같다.

1) 서두: 어떻게 시작할 것인가?

▶ **제출문** 제출문은 제안서를 제출하는 경위를 밝히는 부분이다. 의뢰 사항을 명시하고 제안서 내용을 간단히 개관한다. 기업체 내부의 제안서일 경우 짧은 메모로 대신하기도 한다.

▶ **표제지** 표제지의 형식은 제안서에 따라 다르지만 일반적으로 아래와 같은 내용이 담긴다.

- 제목
- 제안서의 관리 번호
- 지원 기관의 이름
- 제안자의 이름과 소속 기관
- 과제 수행 기간
- 요청 금액
- 제출일
- 제안자 및 소속 기관장의 서명

▶ **요약** 요약은 제안서의 개요를 보여 주는 부분으로 500~1,000자

Proposal for Extension of

NASA Grant NSG 13XX

MODELS AND TECHNIQUES FOR EVALUATING THE
EFFECTIVENESS OF AIRCRAFT COMPUTING SYSTEM

In reply refer to : 81-2096-XX

Submitted to the

NATIONAL AERONAUTICS AND

SPACE ADMINISTRATION

LANGLEY RESEARCH CENTER

HAMPTON, VIRGINIA XXXX

Submitted by the

SYSTEMS ENGINEERING LABORATORY

DEPARTMENT OF ELECTRONICAL

AND COMPUTER ENGINEERING

THE UNIVERSITY OF XXXXXX

Principal Investigator: JOHN F. XXXX

Proposed Starting Date: 1 July 19XX

Proposed Duration: 1 year

Amount Requested: $30,000

그림 10.4 영어 제안서의 표제지.

<table>
<tr><td>과제 번호</td><td></td></tr>
</table>

2006년도 한국 학술 진흥 재단

연 구 계 획 서

(사업명: 2006년도 기초과학 연구 지원)

연구 과제명	국문	
	영문	

연구 책임자	성명:	주민등록번호	
	소속:		
연구 기간			
총 연 구 비	원		

제 출 일 :

제 출 자 :　　　　　　(인)

그림 10. 5 우리말 제안서의 표제지.

정도로 간략히 쓴다. 먼저 과제의 중요성을 간단히 지적하고 연구의 목적을 말한다. 또 연구 방법을 소개하고 과제 수행에 따른 기대 효과 등을 언급한다. 요약은 비전문가라도 읽을 수 있을 정도로 쉽게 쓰는 것이 좋다.

▶ **차례**　차례는 제안서의 항목을 쪽 번호와 함께 표시한다.

▶ **도표 목록**　제안서에 포함된 모든 도표를 쪽 번호와 함께 목록으로 만든다.

2) 본문: 필요 없는 얘기는 단 한 마디도 넣지 마라

▶ **서론**　서론에서는 과제의 대상과 범위를 명시하고 그 연구를 수행해야 하는 이유를 밝힌다. 다음 항목별로 정리하면 좋다.

- 과제의 대상과 범위
- 과제의 중요성
- 연구 수행의 목적

▶ **과제의 배경**　과제의 배경에서는 과제의 수행이 어떤 맥락을 가지며 기존의 연구는 어떤 것들이 있는지 소개한다. 이전에 수행했던 과제를 연장하려는 경우라면 그 과제를 왜 계속해야 하는지, 먼저 했던 것과 장차 하게 될 것은 어떤 관계를 갖고 어떻게 다른지 설명해야 한다. 해당 과제에 대한 기존의 연구를 충분히 섭렵했음을 드러내는 것도 필요하다. 이런 내용은 '문헌 조사'라든가 '기존 연구 소개'라

는 항목을 따로 만들어 기술할 수도 있다. 과제와 관련된 다양한 논점과 문제 등도 여기에 쓴다.

▶ **과제 수행 방법** 과제 수행 방법에서는 연구를 수행할 방법에 대해 소개한다. 아래와 같은 내용을 구체적으로 담는다.

- 목적 달성 계획
- 결과의 평가 계획
- 일정표

이 항목은 대체로 해당 분야의 전문가들이 심사한다. 따라서 목적과 방법은 명확해야 하고 수행 활동 계획도 치밀해야 한다. 이것을 효과적으로 이루기 위해 다음과 같은 내용을 충분히 고려해야 한다.

- 과제의 기초가 되는 가정
- 접근 방법
- 풀고자 하는 문제
- 적용하는 특정한 작업 및 평가 방법

제안자가 소속된 기관이 관련 장비와 시설을 보유하고 있다는 것과 행정적 지원을 약속했다는 것을 제시하는 것도 좋은 방법이다. 과제를 수행하는 데 특수한 장비나 시설이 필요한 경우에는 제안자가 그런 장비에 쉽게 접근할 수 있는가가 중요하기 때문이다.

▶ **결론** 제안서를 쓰는 시점에서는 결과가 나온 것이 아니지만 과제의 목적과 연구의 필요성을 강조하기 위해 예상되는 결과를 주지시

킬 필요가 있다.

▶ **인력** 인력 항목에서는 누가 무엇을 할 것이라는 인력 투입의 내용 뿐만 아니라 참여자들이 해당 과제에 적합하고 유능한 사람들이라는 것을 알려 주어야 한다. 각자의 책임 영역과 이들을 통합하는 구성을 밝히고, 과제와 관련된 부분에 초점을 맞추어 참여자의 이력과 업적을 강조한다.

▶ **예산** 예산 항목에서는 비용 지출 항목과 지출 내역을 기술한다. 예산은 보통 표로 만든다. 예산의 주된 항목은 연구자의 활동 경비, 장비 구입비, 재료비, 여비, 간접 경비 등이다. 예산은 현실적으로 책정하는 것이 중요하다.

3) 부록

▶ **참고 문헌** 참고 문헌이 많으면 따로 목록을 만드는 것이 좋다. 특히 참고 문헌은 선행 연구의 검토가 중요한 의미를 가지고 있어서 심사자들에게 이것을 강조할 필요가 있을 때 필요하다.

▶ **세부 사항 첨부** 제안서에 꼭 필요하지만 중간에 삽입하기에는 너무 장황하거나 부수적인 자료들은 이곳에 첨부한다. 제안자의 이력서, 제안서에 대한 추천서, 중요 참여자의 참여 약속, 관련 분야에서 수행한 일에 대한 출판물, 선행 경력 등이 그 예다.

연 구 계 획 서

(2005년도 기초 과학 연구 지원 사업)

연 구 과제명	국 문	재생핵 힐버트 공간의 쌍에서 나타나는 변분 원리와 응용
	영 문	A variational principle in the dual pair of reproducing kernel Hilbert spaces and an application

I. 연 구 계 획

차 례

그림 10. 6 한국학술진흥재단의 연구 지원 프로그램에 응모한 연구 계획서의 한 보기이다.

1. 연구 요약문

　　이 연구에서는 유한 차원 또는 무한 차원 힐버트 공간(Hilbert space)에서 정의된 양성 선형 작용소(positive definite linear operator)와 이 작용소의 핵함수(kernel function)로 결정되는 재생핵 힐버트 공간(reproducing kernel Hilbert space)에서 나타나는 변분 원리(variational principle)를 관찰하고 이를 응용하고자 한다. 규명하고자 하는 변분 원리는 작용소(행렬)의 가역성 및 부분 행렬의 행렬식 비에 관련된 것이다. 확률론에서 행렬식 점 과정(determinantal point processes)의 밀도함수는 작용소의 행렬식으로 정의되는데 위의 변분 원리는 점 과정의 파팡젤로우 밀도(Papangelou density)를 연구하는 데에 직결되고 나아가 해당 점 과정의 깁스성(Gibbsianness)을 보이는 데에 중요하다. 깁스 측도(Gibbs measure)는 통계역학에서 중심적인 역할을 하므로 점 과정의 깁스성을 보이는 것은 수학 및 물리적으로 매우 중요한 문제이다. 최근 행렬식 점 과정의 깁스성을 보이는 문제가 흥미를 끌고 있고 부분적인 결과가 나온 바 있다. 이 연구에서는 위의 변분 원리를 보다 근본적으로 연구하여 폭넓게 응용하려고 한다. 연구의 주된 방법은 해당 작용소 및 그의 역 작용소의 핵함수로 만들어지는 쌍대 재생핵 힐버트 공간을 만들고 힐버트 공간의 쌍대 성질을 이용하는 것이다.

2. 서론

(1) 과제의 소개

이 연구에서 다루고자 하는 내용은 다음과 같다. E를 임의의 가산 무한 집합이라고 하고 $H_0 := l^2(E)$를 E에서 정의되고 제곱의 합이 유한한 함수들의 힐버트 공간이라고 하자. 그리고 이 힐버트 공간의 내적과 노름을 각각 $(\cdot, \cdot)_0$, $|\cdot|_0$으로 나타내자. 또 A를 H_0에서 정의된 유계이고 양성(positive definite)인 작용소라고 하고 A의 영 공간(null space) $\ker A = \{0\}$이라고 하자. H_0와 A의 치역 $\operatorname{ran} A$ 위에 새로운 내적을 각각 아래와 같이 정의하자.

- 2 -

$$(f,g)_- := (f, Ag)_0, \quad f,g \in H_0; \quad (f,g)_+ := (f, A^{-1}g)_0, \quad f,g \in ran A.$$

또한 이들이 결정하는 노름을 각각 $|\cdot|_-$와 $|\cdot|_+$로 나타내기로 하자. 임의의 $x \in E$에 대하여 e_x를 H_0의 원소로 x위치에서만 값이 1이고 나머지는 모두 값이 0이라고 하자. $A(x,y)$를 기저 $\{e_x : x \in E\}$에 대한 A의 행렬 원소라고 하자. 그러면 H_+는 핵함수가 $A(x,y)$인 재생핵 힐버트 공간이 된다. 이제 H_-도 재생핵 힐버트 공간이라고 가정하고 그의 핵함수가 $B(x,y)$라고 하자. 임의의 한 점 $x_0 \in E$를 고정하고 한 원소 집합 $\{x_0\}$를 포함한 E의 임의의 분할(partition) $E = \{x_0\} \cup R_1 \cup R_2$를 만들자. 임의의 유한 부분 집합 $\Lambda \subset E$에 대해 각각 다음의 양을 정의하자.

$$\alpha_\Lambda := inf_{f \in span\{e_x : x \in \Lambda \cap R_1\}}\left(|e_{x_0} - f|_-\right)^2; \qquad (1)$$

$$\beta_\Lambda := inf_{g \in span\{e_x : x \in \Lambda \cap R_2\}}\left(|e_{x_0} - f|_+\right)^2.$$

Λ가 증가함에 따라 위의 두 열은 감소하고 각각 극한

$$\alpha := \lim_{\Lambda \to \infty} \alpha_\Lambda; \quad \beta := \lim_{\Lambda \to \infty} \beta_\Lambda \qquad (2)$$

를 가진다. 우리가 알아보고자 하는 변분 원리는 위의 두 값 α와 β 사이의 관계에 대한 것이다.

이와 같은 변분 원리를 다루는 이유 가운데 하나는 행렬식 점 과정에서 파팡겔로우 밀도(Papangelou density)를 구할 때 비슷한 형태의 극한을 연구하게 되기 때문이다. 만일 위에서 α와 β의 곱이 R_1, R_2에 관계없이 1이 되면 이는 곧 작용소 $A(I+A)^{-1}$에 해당하는 행렬식 점 과정의 전 파팡겔로우 밀도(global Papangelou density)가 존재함을 보이게 되는 것으로 드러난다. 결국 해당 점 과정은 깁스 측도가 됨을 증명하게 되는 것이다. 깁스측도는 통계역학에서 평형 상태를 일컫는 것으로 이러한 연구는 수학 및 물리적으로 의미가 크다. 아래에서 좀 더 자세히 연구의 배경에 대해 알아보기로 하자.

그림 10.6 (계속)

(2) 과제의 배경

• 행렬식 점 과정에서 나타나는 문제들

확률론의 점 과정(point processes)에 관련된 분야에서 최근 주목을 받는 문제 중 하나는 상관함수가 행렬식으로 주어지는 행렬식 점 과정(달리 페르미온 점 과정(fermion point process)이라고도 부름)이다 [3-5, 7-11]. 특히 이 점 과정이 통계역학에서 쓰이는 의미로 평형 상태(equilibrium state), 즉 깁스 측도인지 아닌지가 매우 흥미로운데 이 문제에 답을 내려고 할 때 위에서 소개한 변분 원리가 유용할 것이라는 것이 예측되었고 실제로 제한된 조건 밑에서 이용되었다 (좀 더 자세한 것은 본론 참조) [8]. 그러나 제기된 변분 원리가 매우 유용함에도 불구하고 현재까지는 아주 강한 조건 아래에서만 쓸 수 있기 때문에 다양한 응용에는 한계가 따랐다. 이 연구에서 제약 조건을 완화시킬 때 변분 원리는 어떻게 이해될 수 있으며 어떤 응용이 가능한지를 알아보려고 한다.

• 해석학 관련 주제

다루려고 하는 변분 원리는 그 자체로서 흥미로운 문제이다. 이를 살펴보기 위해 간단히 유한 차원 힐버트 공간 H에서 생각해 보자. 즉, $\{e_0, e_1, \cdots, e_n\}$이 H의 기저이고 A는 $(n+1) \times (n+1)$ 양성 행렬이며 가역이라고 하자. 다변수 함수의 극값을 찾는 방법으로 어렵지 않게 위 (2) 식의 α는

$$\alpha = (A^{-1}(0,0))^{-1} \tag{3}$$

이 됨을 알 수 있다. 더 나아가 역행렬의 원소를 구하는 방법을 쓰면 차례로

$$\alpha = \frac{\det A}{\det A(0^c, 0^c)} \tag{4}$$

$$\alpha = A(0,0) - A(0,0^c)A(0^c,0^c)^{-1}A(0^c,0) \tag{5}$$

가 된다. 여기서 $\Lambda_1, \Lambda_2 \subset \{0, 1, \cdots, n\}$일 때 $A(\Lambda_1, \Lambda_2) = (A(i,j))_{i \in \Lambda_1, j \in \Lambda_2}$로 정의되는 부분 행렬이고 $\{0\}^c$는 간단히 0^c로 썼다. 위에서 보듯 유한 차원에서도 주어진 변분 문제는 행렬의 가역성 및 부분 행렬의 행렬식과 깊은 관계를 맺고 있다는 것을 알 수 있다.

- 4 -

그림 10. 6 (계속)

3. 본론

(1) 연구 방법

위에서 살펴본 대로 주어진 변분 문제를 유한 차원 공간에서 생각하면 $A > 0$인 경우 완전히 답을 알 수 있다. 무한 차원 공간에서도 만일 양수 $m, M > 0$이 존재해서

$$m \leq A \leq M \tag{6}$$

를 만족하면 유한 차원 영역에서 구한 값의 극한으로 답을 얻어낼 수가 있다. 이 문제는 벌써 시라이와 다카하시에 의해 풀렸다 [8]. 이 연구에서 일반화시키고자 하는 바는 $m \equiv 0$인 경우까지 포함하는 것을 말한다. 이 경우 더 이상 시라이-다카하시 방법은 적용되지 않는다. 그러면 어떻게 시도해야 하겠는가?

이 문제를 푸는 데 중요한 열쇠가 있다. 다름 아닌 쌍대 힐버트 공간을 도입하고 여기서 나타나는 쌍대 성질을 이용하는 것이다. 서론에서 소개한 원 힐버트 공간(pre-Hilbert space) $(H_0, |\cdot|_-)$와 $(ran A, |\cdot|_+)$를 완비화시킨 것을 각각 H_-와 H_+로 두자. 그러면 포함 관계

$$H_- \supset H_0 \supset H_+ \tag{7}$$

이 성립하고 이것은 힐버트 공간 H_0를 갖춘 힐버트 공간(rigged Hilbert space)으로 만든다 [1]. 문제 (1) 의 α_Λ는 유한 차원에서 정의된 양이므로 위의 (3)-(5) 식에서 알아본 것과 같이 완벽하게 규명할 수 있다. α는 이 값들의 단조 감소열이므로 이에 대한 정보도 유한 차원 공간에서 얻은 정보를 통해 많이 알 수 있게 된다.

(2) 연구의 목표

이 연구의 목표를 말하기 위해 좀 더 자세히 행렬식 점 과정에서 나타나는 문제를 살펴보기로 하자. 점 과정이 실현되는 공간 E는 임의의 분해 가능한 하우스도르프 공간인데 간단히 하기 위해 격자 모델에서는 $E = \mathbf{Z}^d$, 연속체

모델에서는 $E = \mathbb{R}^d$라고 두자. $K(x,y)$, $x,y \in E$, 를 $L^2(E)$에서 정의된 선형 작용소 K의 핵함수(kernel function)라고 하고 $0 \le K \le I$를 만족한다고 하자. 그러면 K는 E에서 정의된 배치 공간 (configuration space) χ에서 확률 측도 μ를 결정하는데 이 측도의 상관함수는

$$\rho(x_1, \cdots, x_n) = \det\left(K(x_i, x_j)\right)_{1 \le i,j \le n} \tag{8}$$

로 주어진다. 이 측도를 행렬식 점 과정(determinantal point process)이라고 부른다. 이제 Λ가 E의 임의의 유한 부분 집합일 때 Λ영역에 μ를 제한시킨 μ_Λ의 확률 밀도 함수는

$$\sigma_\Lambda(x_1, \cdots, x_n) = N_\Lambda \det\left(J_{[\Lambda]}(x_i, x_j)\right)_{1 \le i,j \le n}, \; x_i \in \Lambda, i = 1, \cdots, n, \tag{9}$$

로 주어진다. 여기서 $J_{[\Lambda]} = K_\Lambda (I - K_\Lambda)^{-1}$이고 K_Λ는 K를 $L^2(\Lambda)$에 제한한 것이다. N_Λ는 정규화 상수이다.

　행렬식 점 과정에 대해서는 다양한 관점에서 많이 연구되었는데 최근 관심을 끌고 있는 주제 중 하나는 μ의 깁스성이다. 즉 입자계에 적당한 상호작용을 도입해서 μ를 상호 작용이 있는 계의 평형 상태로 이해할 수 있겠는가의 문제이다. 작용소 K에 좀 강한 조건을 부여하면 해당하는 행렬식 점 과정이 깁스 측도가 된다는 것이 격자 모델에서는 시라이(Shirai)와 다카하시(Takahashi) [8], 연속체 모델에서는 본 연구자 [11] 및 본인과 게오르기(Georgii)의 공동 연구로 밝혀졌다 [2]. 입자계에 상호 작용이 있을 때 평형 측도의 존재성이 밝혀진 예는 그렇게 많지 않다. 대표적인 것은 루엘(Ruelle)이 주창한 바 있는 초안정적 상호 작용(superstable interaction)이다 [6]. 따라서 행렬식 점 과정이 깁스 측도가 된다는 것을 보이게 되면 물리적으로 의미가 있다. 다른 응용으로는 동역학에 관련된 것인데 주어진 행렬식 점 과정이 불변이 되도록 하는 마르코프 과정(Markov process)을 건축하는 데에 깁스성이 매우 유용하다는 것이 밝혀졌다 [9, 12].

　행렬식 점 과정의 깁스성을 보이는 문제는 국소 파팡겔로우 밀도(local Papangelou density)의 극한, 즉 조건부 확률 밀도 함수의 극한의 존재성을 보이는 것과 같다. 수식으로 표현하면 $\xi \in \chi$가 임의의 배치일 때 극한

$$\lim_{\Lambda \to X} \frac{\det J_{[\Lambda]}(x\xi_\Lambda, x\xi_\Lambda)}{\det J_{[\Lambda]}(\xi_\Lambda, \xi_\Lambda)} \tag{10}$$

이 존재하는가의 문제이다. 위에서 배치 $x\xi_\Lambda$는 ξ_Λ 에 점 x가 추가된 것을 말

그림 10.6 (계속)

한다. (4) 식에서 보듯 이 문제는 본 연구 주제인 변분법과 밀접하게 관련된 다는 것을 한눈에 알 수 있다.

위에서 언급한 시라이-다카하시 방법은, 격자 모델에서 $0 < K < I$를 만족하는 경우 해당하는 행렬식 점 과정이 깁스 측도가 됨을 보여 주고 관련된 상호 작용을 건축할 수 있게 해 준다. 그러나 이 조건은 매우 강해서, 예를 들어 K가 대각 행렬인 경우 이는 자명하게 자기 작용(self interaction)밖에 없는 깁스 측도로 이해할 수 있는데 이런 보기조차도 제외시킬 수밖에 없다. 이 연구의 일차 목표는 K의 스펙트럼에 0이 포함되는 경우, 즉 $0 \leq K < I$인 경우로 작용소의 범주를 넓히는 것이다.

4. 결론: 연구의 의의

이 연구의 파급 효과를 간단히 살펴보면 아래와 같다. 우선 이 연구는 해석학의 한 문제로써 그의 응용성에 비해 연구가 덜 된 주제이다. 즉, 새로운 문제로써 그 자체가 흥미로울뿐더러 해석학 외에 확률론, 통계역학 등 다양한 분야에서 응용을 찾을 수 있다. 좀 더 자세히 관련된 내용에 대해 살펴보면 아래와 같다.

- 해석학에서: 이 연구는 작용소(행렬) 및 이들의 가역성에 대한 연구이다. 또한 무한 극한에 관련된 주제이기도 하다. 유한 행렬의 가역성은 그 행렬의 행렬식을 구해 봄으로써 알 수 있고 역행렬은 여인수(cofactor)를 찾아 구한다. 여인수는 곧 행렬식의 비인데 이러한 관련식을 무한 차원 영역으로 확장하려고 한다.

-확률론에서: 행렬식 점 과정(determinantal point processes)의 확률 밀도 함수는 특정한 행렬의 행렬식으로 주어진다. 특히 행렬식 비는 해당 점 과정의 파팡겔로우 밀도(Papangelou density)에 관련되고 이 밀도는 점 과정의 깁스성을 연구하는 데 중심이 된다. 이 연구는 특정한 행렬식 점 과정이 깁스 측도가 되는가 아닌가에 대해 해답을 줄 것이다.

-통계역학에서: 평형 통계역학에서 평형 상태, 다른 말로 깁스 측도에 대한 연구는 주된 주제이다. 따라서 행렬식 점 과정이 깁스 측도인지 아닌지를 연구하는 것은 물리적으로 중요한 문제이다.

- 7 -

그림 10. 6 (계속)

5. 참고문헌

[1] I. M. Gel'fand and N. Ya. Vilenkin, *Generalized Functions*, Academic Press, New York and London, 1964.

[2] H. O. Georgii and H. J. Yoo, "Conditional intensity and Gibbsianness of determinantal point processes", *J. Stat. Phys.* **118** (1/2), 55-84 (2005).

[3] R. Lyons, "Determinantal probability measures", *Publ. Math. Inst. Hautes Etudes Sci.* **98**, 167-212 (2003).

[4] R. Lyons and J. E. Stief, "Stationary Determinantal Process: Phase Multiplicity, Bernoullicity, Entropy, and Domination", *Duke Math. J.* **120** (3), 515-575 (2003).

[5] O. Macchi, "The Coincidence Approach to Stochastic Point Processes", *Adv. Appl. Prob.* **7**, 83-122 (1975).

[6] D. Ruelle, "Superstable Interactions in classical statistical mechanics", *Commun. Math. Phys.* **18**, 127-159 (1970).

[7] T. Shirai and Y. Takahashi, "Random Point Field Associated With Certain Fredholm Determinant I: Fermion, Poisson, and Boson Point Processes", *J. Funct. Anal.* **205**, 414-463 (2003).

[8] T. Shirai and Y. Takahashi, "RAndom Point Field Associated with Certain Fredholm Determinant Ii: Fermion Shift and its Ergodic and Gibbs Properties", *Ann. Prob.* **31**, 1533-1564 (2003).

[9] T. Shirai and H. J. Yoo, "Glauber Dynamics for Fermion Point Processes", *Nagoya Math. J.* **168**, 139-166 (2002).

[10] A. Soshnikov, "Determinantal Random Point Fields", *Russ. Math. Surv.* **55**, 923-975 (2000).

[11] H. J. Yoo, "Gibbsianness of Fermion Random Point Fields", to appear in *Math. Z.* (2005).

[12] H. J. Yoo, "Dirichlet Forms and Diffusion Processes for fErmion Random Point Fields", *J. Funct. Anal.* **219**, 143-160 (2005).

그림 10.6 (계속)

II. 연구 수행 계획

1. 연구 추진 계획

년 월 일	연 구 수 행 내 용	비 고
2005. 9. 10. 11. 12. 2006. 1. 2. 3. 4. 5. 6. 7. 8.	o 관련된 문제들에 대한 문헌 조사 (2005. 9.~10.) o 기존 연구 결과의 숙지 및 활용 방법 모색 (2005. 10.~11.) o 본 연구 주제에 대한 집중 연구 (2005. 11.~2006. 3.) o 연구 결과의 도출 (2006. 3.~4.) o 관련된 연구들과의 비교 연구 (2006. 5.~6.) o 연구 결과의 활용 방법 모색 (2006. 7.~8.)	국내외 전문 가와 토론 및 정보 교환

그림 10. 6 (계속)

사업 기획서

사업 기획서는 보통의 제안서와 공통되는 면이 많다. 일반적인 제안서를 쓸 때와 같이 제안자는 수행하고자 하는 일을 완벽히 이해하고 있다는 것과 제안자가 적임자라는 것을 분명하게 드러내야 한다. 수행할 일련의 과정, 시간 계획도 일반적인 제안서를 쓸 때와 같이 분명히 명시해야 한다. 사업 기획서가 보통의 제안서와 가장 크게 다른 점은 추구하는 목표에 있다. 연구 제안서의 궁극적인 목표는 과학 기술 영역에서 미해결된 문제를 풀거나 깊게 이해하려는 데에 있는 반면 사업 기획서의 목표는 경제적 이득을 줄 어떤 기획을 수행하는 것이며 그렇게 하기 위해 자금을 조달하는 것이다. 사업 기획서의 종류는 다음과 같다.

- ■ **개선형 기획:** 직장의 개선, 업무 시스템의 개선 등 환경 개선이 주 목적
- ■ **개발형 기획:** 신상품과 신규 사업의 기획 등 업무의 확대
- ■ **영업형 기획:** 영업 판매의 확대
- ■ **상품형 기획:** 기획 자체가 상품인 경우

사업 기획서의 특징은 효율적이어야 한다는 것이다. 일반적으로 사업 기획서에서 요구되는 것은 간결성이다. 『강력하고 간결한 한 장의 기획서』의 저자 패트릭 라일리는 사업 기획서는 모든 내용을 한 쪽에 담아내는 것이 좋다고까지 주장한다. 라일리는 이 한 장의 기획서 안에 제목, 부제, 1차 목표, 2차 목표, 논리적 근거, 예산 문제, 현재 상태, 실행 방법, 구체적인 일정 등을 모두 담아야 한다고 강조한다.

연습 문제

1. 제안서를 찾아보고 본문의 내용과 비교하여 평가해 보자.

2. 다루고 싶은 주제에 대해 짧은 형식의 제안서를 써 보자.

3. 위의 제안서를 동료들과 돌려 보고 이것을 구체적인 제안서로 완성시
   키는 방법에 대해 토론해 보자.

11장 프레젠테이션

자신의 생각을 명확하게 만드는 가장 좋은 방법은
다른 사람에게 그것을 설명해 보는 것이다.

● 베넌 부스

1. 프레젠테이션이란 무엇인가?

오늘날의 과학 기술자는 단순히 문서 형태로만 글을 쓰거나 발표하는 데 그치지 않는다. 과학 기술 공동체의 전문가 집단뿐만 아니라 과학 기술 정책 입안자, 다양한 형태의 지원 기관 그리고 대중과 직접 접촉하면서 자신의 연구 활동과 성과, 창조적인 아이디어와 기획을 적극적으로 전달해야만 한다. 프레젠테이션은 그 주요한 방법 가운데 하나이다.

프레젠테이션은 일상적인 발표나 회의, 보고는 물론 사업 제안이나 홍보, 교육 등 다양한 방면에서 매우 유용하게 쓰이고 있다. 프레젠테이션이란 발표자(주체)가 과학 문서의 핵심(내용)을 체계적이고 효과적으로 설명하거나 보고함으로써(방법) 청중 즉 의사 결정권자(대상)를 설득하는(목표) 과정 전반을 포괄적으로 가리킨다. 프레젠테이션은 말이나 글뿐만 아니라 시청각적인 매체를 활용하여 한결 더 감각적이고 입체적으로 표현하고 전달할 수 있다. 그러므로 프레젠테이션은 문서나 회의를 대체한다기보다는 각각의 장점들을 발전시켜 더 효율적이고 생산적인 소통 및 토론을 가능하게 하는 새로운 의사소통 방법이다.

과학 기술자는 프레젠테이션이라는 새로운 도구를 익숙하게 다루고 다양한 전문 분야에서 유용하게 활용할 수 있어야 한다. 이 장에서는 체계적이고 면밀하게 만들어진 프레젠테이션이란 무엇인지, 설득력 있는 발표를 위해서는 어떤 준비를 갖추어야 하는지, 실제로 발표를 수행할 때에는 어떻게 할 것인지에 대해 살펴보기로 한다.

2. 프레젠테이션의 원칙과 전략

1) 프레젠테이션은 종합 커뮤니케이션

프레젠테이션의 목적은 전달하고자 하는 내용을 효과적으로 제시하고 선명하게 부각시키는 것이다. 종합 커뮤니케이션으로서 프레젠테이션의 특성은 글쓰기와 말하기, 그리고 시각적인 이미지 보여 주기가 동시에 이루어진다는 점이다. 청중(연구 프로젝트와 관련된 의사 결정권자일 수도 있다.)을 효과적으로 설득하기 위해서는 이 세 가지 방법을 균형 있게, 유기적으로 결합하는 것이 필요하다.

프레젠테이션은 쌍방향적인 소통을 통해 전달의 효율성을 극대화하기 위해 선택되는 방법이다. 따라서 그림 11. 1의 네 가지 구성 요소, 즉 발표자, 청중, 여건과 상황, 그리고 프레젠테이션의 방법이 서로 잘 어울리고 서로 뒷받침되어야만 성공적인 프레젠테이션을 수행할 수 있다. 또 발표자는 자신에게 주어진 모든 조건과 환경을 고려하여 가

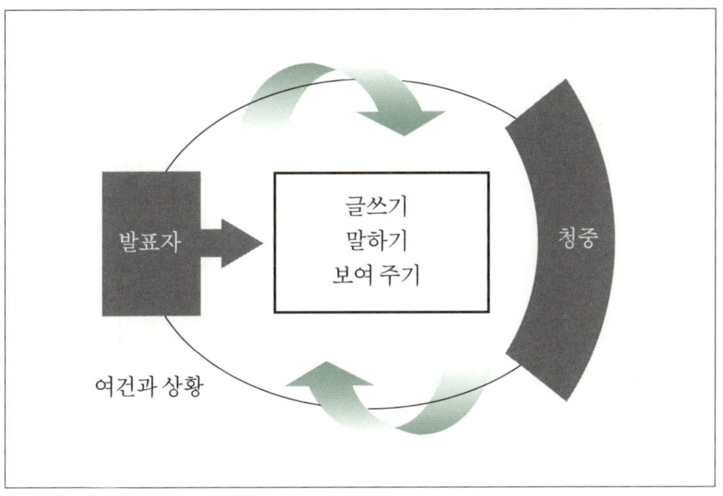

그림 11.1 프레젠테이션의 구성 요소.

장 효과적인 프레젠테이션 방법을 강구해야 한다.

2) 성공적인 프레젠테이션의 필수 요건

성공적인 프레젠테이션의 정석은 다른 과학 문서와 마찬가지로 '정확하게, 명쾌하게, 간결하게'이다. 글쓰기, 말하기, 보여 주기에서 이 원칙을 지킬 수 있어야 한다. 이것을 좀 더 자세히 살펴보면 다음과 같다.

▶ **적합성 · 선명성 · 일관성** 발표의 목표가 분명해야 하며, 발표 내용이 청중에게 선명하게 전달되어야 한다.

▶ **간명성 · 집중성 · 단순성** 프레젠테이션이 너무 많은 것을 다루면 지

루하고 산만해지기 쉽다. 최대한 간명하고 집중적이어야 한다.

▶ **자신감과 철저한 준비** 발표자는 자신이 준비한 내용을 청중들에게 이해시키고 설득하거나 때로는 비전을 제시해야 하는 주체이다. 따라서 자신감을 갖고 믿음을 줄 수 있는 태도로 임해야 한다.

▶ **상호 소통과 신뢰** 프레젠테이션은 일방적인 독백에 그쳐서는 안 된다. 성공적인 프레젠테이션은 발표자와 청중이 서로의 대화를 통해 주어진 문제를 함께 해결하고 있으며 곧 성공하게 될 것이라는 확신을 심어 주는 것이다.

3. 프레젠테이션 만들기의 실제

프레젠테이션은 크게 ① 기획과 준비 ② 제작 ③ 시연과 보완 ④ 발표 수행의 네 단계로 나누어 볼 수 있다. 이 과정을 좀 더 세분해 보자.

1) 기획과 준비: 프레젠테이션의 밑그림을 그린다

프레젠테이션을 기획하고 준비하는 데 있어 무엇보다 먼저 검토해야 하는 사항들이 있다. 프레젠테이션 자체의 필요성, 청중에 대한 정보, 현장의 조건 등을 발표 준비 전에 충분히 확인해 두어야 한다.

▶ **필요성을 검토하라.** 프레젠테이션의 목표를 확인하고 어떤 방법이

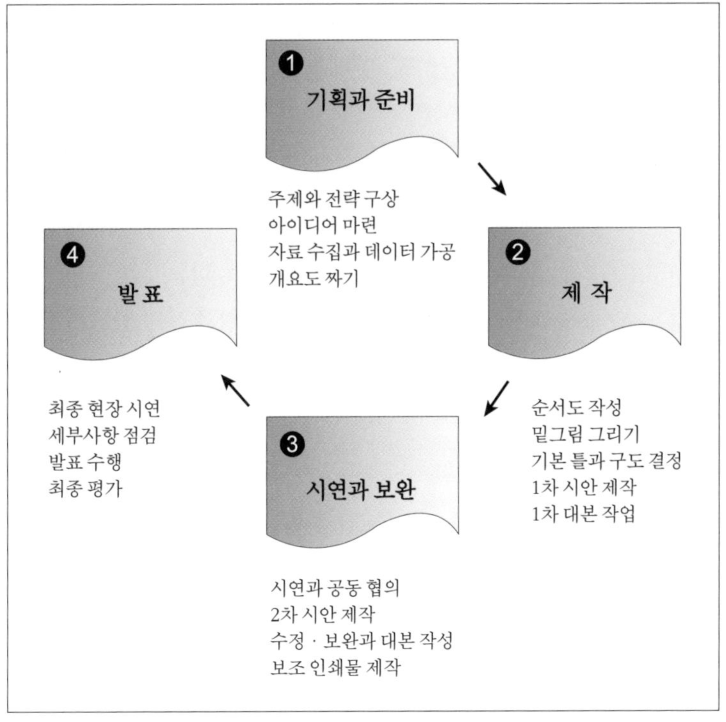

그림 11.2 프레젠테이션의 제작 과정.

발표할 내용에 가장 적합한지 검토한다. 그리고 프레젠테이션 자체가 꼭 필요한지도 다시 생각해 본다. 발표자가 프레젠테이션의 필요성을 분명하게 알고 있어야 한다.

▶ **청중을 분석하라.** 예상되는 청중의 규모는 물론 신분이나 계층, 성별, 연령층, 직업, 전문성, 성향 등의 다양한 정보들을 충분히 파악해야 한다. 그것에 따라 말할 때의 어조, 문장에 사용된 언어의 난이도, 발표할 때의 복장과 제스처를 미리 생각하고 준비할 수 있다.

▶ **현장을 답사하라.** 프레젠테이션을 수행하게 될 여건과 상황을 철저하게 조사한다. 발표장의 구조, 각종 장비의 지원 상태 등을 꼼꼼하게 살펴 두어야 한다.

프레젠테이션의 필요성, 청중, 현장에 대한 검토가 끝났다면 프레젠테이션의 밑그림을 그려 보자. 그 과정은 '개요도 마련 → 순서도 작성 → 밑그림 그리기'의 순서로서 이것은 기획과 준비 단계에서 제작 단계로 넘어가는 과정이다.

▶ **개요도** 개요도는 발표할 내용의 큰 뼈대를 잡는 일종의 조감도이다. 진행의 얼개를 결정하고, 부분별로 몇 장 정도의 슬라이드를 배분할 것인지 구상하는 간단한 메모 형식이면 된다.

▶ **순서도** 순서도는 일종의 기초 설계도에 해당한다. 일목요연한 알고리듬식 흐름도를 만든다고 생각하면 된다. 표제 슬라이드부터 시작해서 마무리 슬라이드에 이르기까지 차례를 구상하고 중요한 핵심 내용은 어떻게 배열할 것인지 등을 결정하는 단계이다.

▶ **밑그림** 밑그림이란 슬라이드 화면을 구성하기 전에 대강의 윤곽을 잡아 보는 것이다. 이 단계에서는 어떤 서식이나 색감을 중심으로 삼아야 효과적일지, 어떤 이미지나 패턴을 적용해야 일관성이 있으면서도 집중적일지 등을 결정한다.

프레젠테이션은 일반적으로 '표제 → 차례 → 개요나 도입 → 본문 → 결론 → 강조나 요약 → 마무리'의 순서로 구성한다. 분량이 길거나 복잡한 경우에는 발표 내용이 어느 정도 진척되었는지 알려 줄 수

■ 시안 제작의 원칙

- 요점이 뚜렷이 부각되도록 제작한다(고도의 집약성).
- 한눈에 들어오게 배치한다(시각적 효율성).
- 한 장의 슬라이드에 하나의 메시지만 담는다.
- 내용은 가능한 한 도표로 제시한다.

■ 화면 구성의 원칙

- 색상은 3색 정도만 쓰고, 대비가 잘 되도록 색을 배치한다.
- 글꼴은 고딕체나 굴림체처럼 세리프가 없는 서체를 택한다. 또 글자 크기는 24포인트 이상으로 해야 한다.
- 슬라이드 한 장에 들어가는 내용은 다섯 줄 안팎으로 정리한다.
- 한 항목은 한 줄 안에 처리한다.
- 제목이나 글머리 기호는 일관된 규칙을 적용한다.
- 그래프와 표를 적절하게 활용하여 배치한다.
- 장식 효과는 강조점에만 적용하고, 화면 전환 효과는 한 가지로 통일한다.
- 핵심 사항을 강조하여 요약 · 정리한다.

■ 시안 수정의 요점

- 현란하거나 피로감을 주는 디자인은 깔끔하고 간명하게 정리한다.
- 내용과 어울리지 않거나 어색한 화면은 바꾸어야 한다.
- 글꼴의 크기와 색상, 문단의 배열 방법은 일관되게 해야 한다.
- 복잡하거나 부적절한 그래프와 도안은 한눈에 알아볼 수 있게 바꾼다.
- 요란하고 조잡한 장식은 피하는 것이 좋다.
- 불필요하고 쓸모없는 화면, 내용을 교묘하게 돌려놓거나 설명해야 할 내용을 마치 당연한 것처럼 나열해 놓은 사항은 과감하게 삭제하거나 재구성해야 한다.

그림 11.3 프레젠테이션 시안 제작의 원칙.

있도록 군데군데 '중간 차례' 화면을 삽입하는 것이 좋다. 끝에는 '참고 문헌'이나 '감사의 말'을 넣는데, 특별한 경우에는 지원 기관이나 협력 업체 등을 먼저 소개해야 하는 경우도 있다. 프레젠테이션의 성격에 따라 다르지만, 15분 안팎의 발표라면 표제지나 참고 문헌 슬라이드를 제외하고 본문으로 6~7장의 슬라이드 화면을 제작하면 충분하다.

2) 제작: 고도의 집약성과 시각적 효율성

프레젠테이션의 밑그림을 완성하고 화면의 구도, 이용할 그림 · 사진, 주요 미디어소스, 각종 효과 등을 대략 결정했으면 본격적으로 시안을 제작하면 된다. 특별히 강조해야 할 두세 장의 중요한 슬라이드를 먼저 제작하면서 전체적인 틀을 잡아 나가는 것이 바람직하다.

시안 제작, 화면 구성의 핵심 원칙은 요점이 뚜렷하게 부각되고 내용이 한눈에 들어오도록 하는 것이다. 즉 '정확하게, 명쾌하게, 간결하게'이다. 제한된 시간에 다양한 정보를 전달해야 하는 프레젠테이션의 시안은 '고도의 집약성'과 '시각적 효율성'을 극대화할 수 있어야 한다. 그림 11. 3은 시안을 제작할 때 유의해야 할 원칙을 정리한 것이다.

시안을 제작했다면 이번에는 프레젠테이션 대본을 준비한다. 대본 없이 임가응변으로 된다고 생각할 수도 있지만 프레젠테이션에서 대본은 필수다. 실제로 프레젠테이션을 수행할 때에는 여러 가지 보충 자료는 물론 화면 전환에 쓰이는 설명, 간단한 요약 · 정리 등도 따로 대본으로 만들어 두어야 한다. 아무리 전문적인 발표자라 할지라도 대본 없이 임기응변으로 넘어갈 수 없기 때문이다. 대본 작성은 네 가지 점에서 중요하다.

▶ **대본 작성의 중요성**　① 프레젠테이션이 매끄럽게 진행되고 있는지 확인할 수 있다. ② 말하기가 동시에 수행되기 때문에 슬라이드 수와 실제 진행 시간이 일치하지 않는 문제를 해결할 수 있다. ③ 화면으로 제시할 수 없는 중요한 사항들을 참고할 수 있기 때문에 발표자가 심리적 부담 없이 진행할 수 있다. ④ 프레젠테이션의 중심 주제를 완전히 장악하고 일관성 있게 이끌어가고 있는지 확인할 수 있다.

3) 시연과 보안

　프레젠테이션을 실제로 시연해 보면 슬라이드 전환이 매끄럽지 않거나 보충 설명이 필요하다는 것이 발견된다. 발표장의 상황에 따라 시안의 색감이나 이미지 효과를 바꾸어야 할지도 모른다. 또 스위치를 조작하거나 조명을 처리하려고 움직이다가 시간이 지연될 수 있다. 따라서 프레젠테이션을 하기 전에 발표장에 먼저 가서 현장 시연을 해 보고 그것을 통해 발표 자료와 대본을 보완하는 일은 필수적이다.

　일단 이렇게 시연을 해 보고 어떤 보조 인쇄물을 준비할지 고려해 본다. 보조 인쇄물은 프레젠테이션 화면으로 제시되는 자료들의 체계와 연관 관계를 선명하고 압축적으로 보여 줄 수 있다. 깔끔하게 정리된 보조 인쇄물은 발표자와 청중 모두에게 유익하다. 발표자는 핵심적이지 않거나 복잡한 설명을 인쇄 자료로 대체함으로써 발표 시간을 아낄 수 있다. 또 청중의 부담과 수고를 줄일 수 있다.

　자, 이제 남은 것은 실제 발표이다.

■ **어휘 선택과 문장 구사**

- 쉽고 선명한 어휘를 선택한다.

- 청중과 공유할 수 있는 용법을 사용한다.

- 완결된 문장, 간결하고 명확한 문장을 사용한다.

- 능동형 위주의 문장을 구사한다.

- 추측이나 가설, 부정법·가정법은 피한다.

■ **어조와 융통성 있는 기술들**

- 단호하고 자신감 있는 어조로 말한다.

- 공격적이지 않은 어투를 사용한다.

- 성량과 어조, 말의 빠르기, 억양 등은 적절한 변화를 준다.

- 정중하고 세련된 질의·응답 요령을 익힌다.

- 상투어와 불필요한 삽입어를 줄인다.

■ **시간의 안배**

- 미리 약속된 시간은 반드시 지킨다.

- 질의나 토론을 위한 시간을 충분히 고려한다.

- 분위기나 청중의 호응 정도 등 여러 요인들에 의해 얼마든지 달라질 수 있으므로 융통성 있게 대처한다.

그림 11.4 발표할 때 유념해야 할 사항들.

4. 효과적인 발표 방법과 기술

프레젠테이션의 의사소통에서 실시간으로 보여지는 발표자의 태도와 화법은 청중과 발표자를 이어 주는 중요한 매개가 된다. 따라서 발표자가 무엇을 보여 주는가 못지않게 어떻게 보여 주는가, 얼마나 매력적으로 다가가는가도 중요하다. 발표자는 청중의 시선을 집중적으로 그리고 지속적으로 끌 수 있어야 한다.

1) 화법과 시간 안배: 제한된 시간 안에 청중을 설득하라

프레젠테이션에서 가장 중요한 것은 발표자의 화법과 시간의 안배이다. 청중에게 제시되는 자료들의 연관성을 제한된 시간 안에 설명하면서 원하는 결론으로 한 걸음씩 다가설 수 있도록 논리적으로 유도하는 것이 발표자의 임무이다. 발표자는 자신이 청중에게 무엇인가를 알려 줄 뿐만 아니라 설득하고 있음을 잊어서는 안 된다.

2) 자신감: 자신감은 몸가짐에서 드러난다

청중에게 신뢰감을 줄 수 있는 가장 큰 동력은 자신감이다. 자신감

- 발표자는 깔끔한 복장과 단정한 태도를 유지한다.
- 처음 인사말은 주도적이면서도 부드럽고 여유 있는 느낌을 주는 것이 좋다. 강한 인상을 남길 수 있는 마무리 인사말을 준비한다.
- 표정과 시선 처리를 통해 청중과 직접 소통하면서 반응과 이해도를 확인할 수 있다.
- 적절한 제스처 구사와 자연스러운 동선을 통해 활력을 준다.
- 그밖에도 레이저포인터 및 리모컨 조작, 스크린 가리기 및 그림자 처리 요령 등을 충분히 익혀 두어야 한다.

그림 11.5 청중에게 신뢰감을 주는 몸가짐.

프레젠테이션 시연 평가서

발표조	조	평가자	조	이름:				
발표 주제								
발표 개요								
프레젠테이션 순서도								
프레젠테이션 의의								

세부 평가		평가 항목	A	B	C	D	E
내용과 체계		1. 진행 시간 배분과 분향의 적절성					
		2. 논리적인 전개와 타당성					
		3. 화면 전환의 자연스러움					
		4. 데이터의 명료한 제시와 일관성					
		5. 적절한 요약, 핵심 부분의 강조					
구성과 형식		6. 화면 배치의 선명성과 간명성					
		7. 글꼴, 색상 등의 디자인					
		8. 이미지, 도표 등의 체계적인 활용					
		9. 각종 보조 도구의 효과적인 사용					
자세와 전달력		10. 자신감, 청중의 집중력과 관심유지					
		11. 시선 처리와 학법.어투					
		12. 자세 및 동선·제스처					

잘 된 점들	
보충하거나 고쳐야 할 점들	

그림 11.6 프레젠테이션 시연 평가서.

은 철저한 준비를 통해서만 얻어진다. 프레젠테이션에 자신감 있게 임하느냐 그렇지 않느냐는 어떤 식으로든 겉으로 드러나게 마련이며, 청중에게 고스란히 전해진다.

3) 좀 더 세련된 발표를 위한 노력

효과적인 프레젠테이션을 위해서는 많은 시간과 노력을 투자할 필요가 있다. 그림 11. 6의 프레젠테이션 시연 평가서를 활용하면 동료들의 평가와 조언을 통해 자신의 발표를 객관적이고 효율적으로 점검할 수 있다. 시연 모습을 영상 자료로 녹화해서 분석하고, 부족하거나 잘못된 점을 고쳐나가는 것도 좋은 방법이다. 프레젠테이션을 일회적 행사로서가 아니라 학문 활동이나 기업 활동에서 일상적으로 이용하려면 개성 있고 인상적인, 자기만의 스타일이나 노하우를 만들어 가야 할 것이다.

5. 프레젠테이션의 실제

다음은 '생분해성 계면 활성제의 원리와 응용'에 대한 프레젠테이션 때 사용하기 위해 만든 슬라이드의 보기이다. 20분 안팎의 발표를 예상하여 표제에서부터 참고 문헌에 이르기까지 모두 14장의 슬라이드를 준비했다.

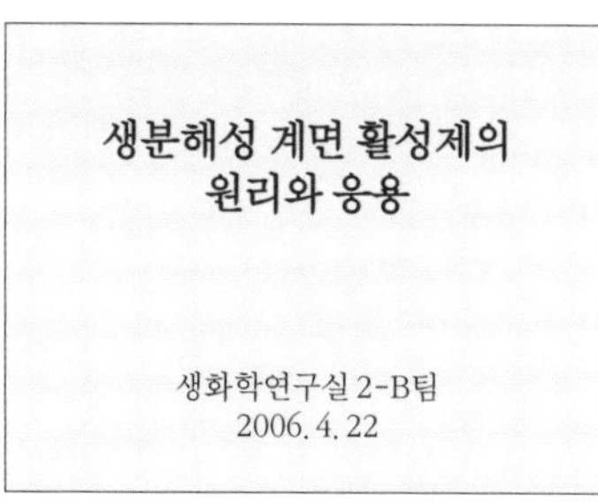

1. 표제

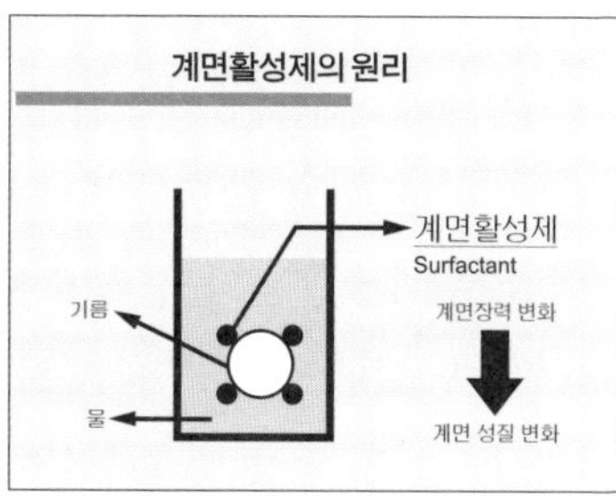

2. 차례

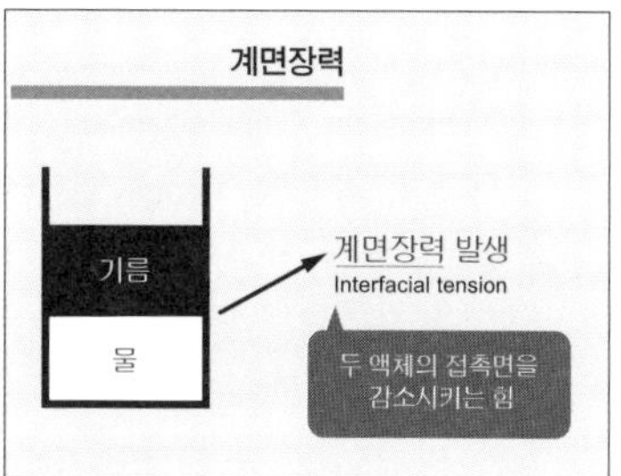

3. 계면장력

4. 계면활성제의 원리

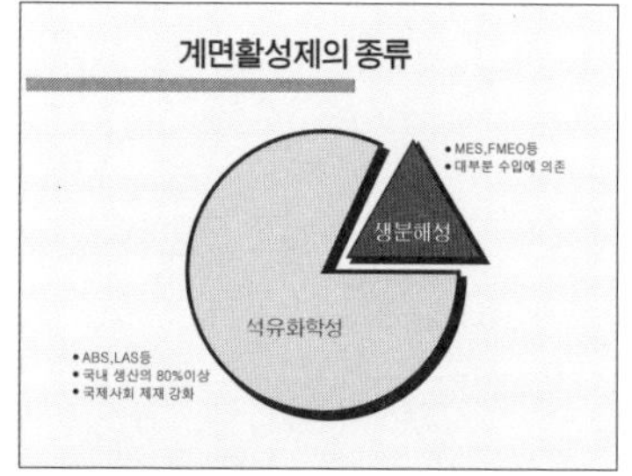

5. 계면활성제의 종류

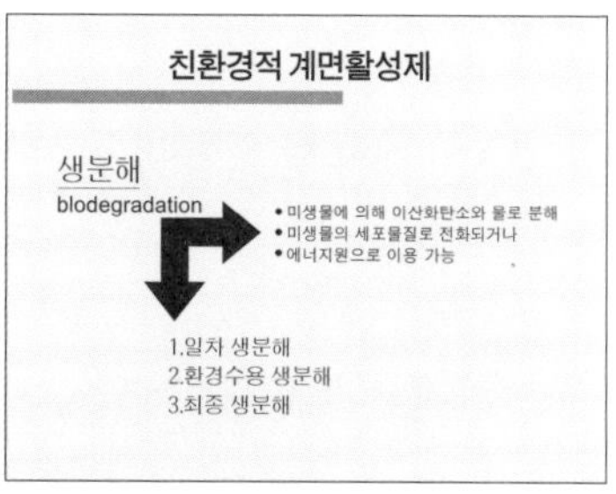

6. 친환경적 계면활성제

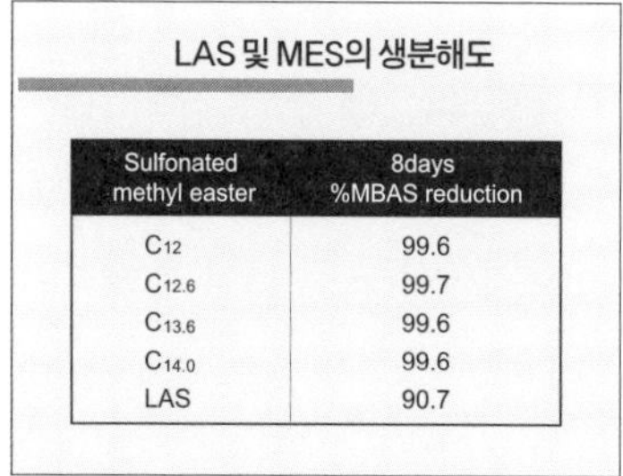

Sulfonated methyl easter	8days %MBAS reduction
C_{12}	99.6
$C_{12.6}$	99.7
$C_{13.6}$	99.6
$C_{14.0}$	99.6
LAS	90.7

7. LAS 및 MES의 생분해도 분석 ①

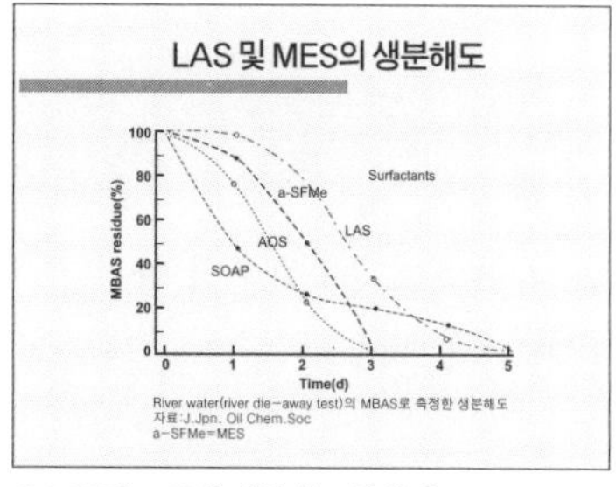

8. LAS 및 MES의 생분해도 분석 ②

동물 독성 테스트

Surfactant	Range of most frequently reports 24-96hr LC50 values(mg/l)	
	Fish	Invertebrate
LAS	1-10	1-100
AS	5-20	2-200
AOS	1-15	2-?
SAS	1-50	9-300
AES	1-10	5-20
AE	1-6	1-100
APE	4-12	1-100
MES	290-350	190-240

9. 동물 독성 테스트

계면활성제의 응용 분야

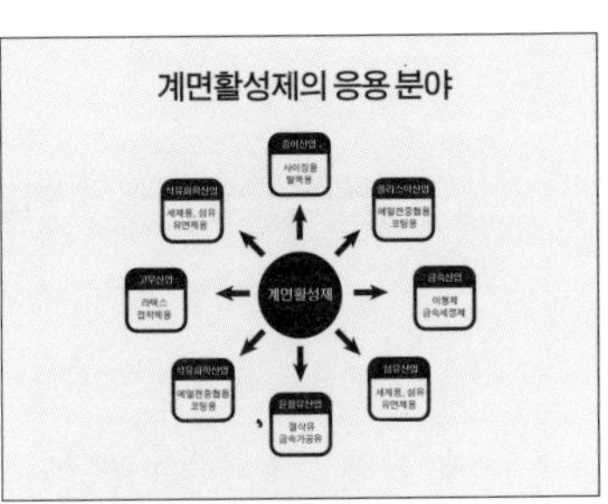

10. 계면활성제의 응용 분야

생분해성 계면활성제 연구 방향

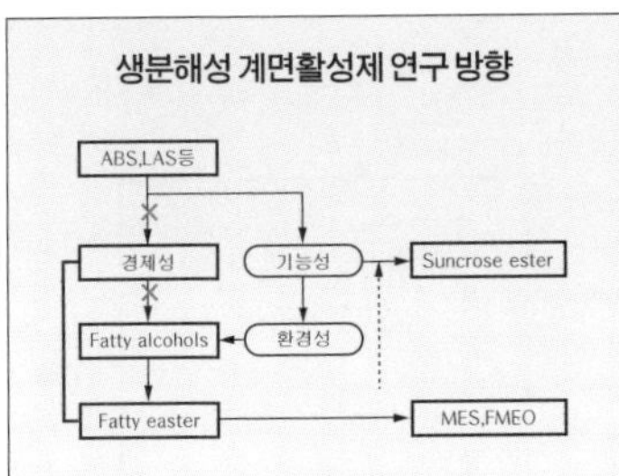

11. 생분해성 계면활성제 연구 방향

결론

1. 석유화학성 계면활성제
   → 생분해 늦고 독성 함유, 환경 파괴
2. 생분해도 우수 : MES > LAS
3. LC50 테스트 : MES 무독성
4. 생분해성 계면활성제
   → 친환경적인 대체 제품군 개발 필요

12. 결론

요약

1. 계면장력이란?
2. 계면활성제란?
3. 계면활성제의 종류와 예
   (1) 석유화학성 계면활성제
   (2) 생분해성 계면활성제
4. 생분해의 정의와 분류
5. LAS 및 MES의 생분해도

13. 요약

참고 문헌

1. 국립환경연구원, 「화학 물질의 환경 위해성 평가 연구」, 1993.
2. 한국과학기술연구원, 「수질에서의 유기 화학 물질의 분석 및 표준화 연구, 2차 년도 연차 보고서, 1993.
3. T. H. Applewhite ed., *World Conference on Oleochemicals into the 21st Century: Proceedings*, AOCS, 1991.

14. 참고 문헌

연습 문제

1. 다음의 구상을 바탕으로 개요도를 만들어 보자. 이 개요도의 목적에
   따라 가장 중요하다고 판단되는 부분을 한 군데 설정하여 밑그림을
   그려 보자.

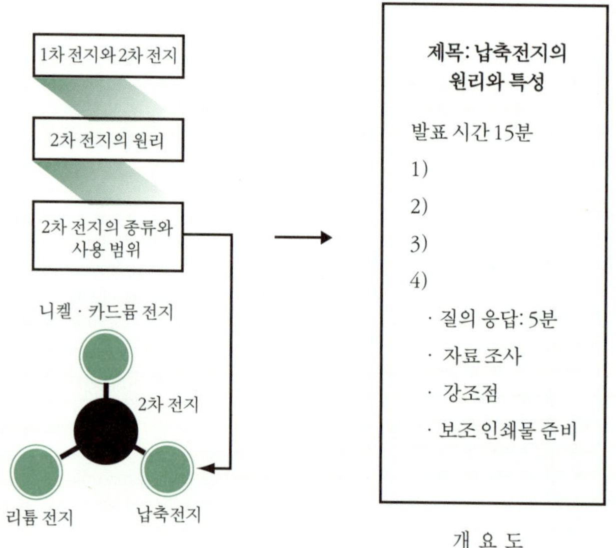

개 요 도

2. 다음의 두 가지 순서도를 보고 차례 화면과 중간 차례 화면을 제작해

보자. 또 각 순서도에서 가장 핵심이 되는 부분이 어디인지 찾아보고,

그 밑그림을 먼저 그려 보자.

---

1. 표제
2. 차례
3-4. 바이오매스 에너지의 정의
　　　정의/현장 사진 자료 예시
5-6. 바이오매스 에너지의 특성
　　　장단점 비교 도표 (8항목, 2슬라이드)
7-10. 연료화 방법과 생성물
　　　전체 도표 (하이퍼링크)
　　　건조 바이오매스 처리 과정 그림
　　　함수 바이오매스 처리 과정 그림
　　　식물 바이오매스 처리 과정 그림
11-12. 주요 자원과 국내 활용 현황
　　　주요 자원/국내 현황 그래프 (원형 그래프)
13-14. 개발 가능성과 전망
　　　연구 현황 도표/국가별 점유율 비교 (영역형 차트)
15. 정부 관련 부처 및 주요 업체 리스트

순서도 ①

---

1. 표제 (프로젝트 명칭: NE-Frontier 2007)
2.〈전체 차례〉
3.〈중간 차례_1〉
4.기획팀 및 ○○테크 에너지 개발부 소개
5.사업 개요 (예산 및 협력 협약)
6-7.연구개발의 필요성과 목적
8.〈중간 차례_2〉
9.국내 대체 에너지 현황
10.재생 에너지 장단점 비교 도표
11.신 에너지 장단점 비교 도표
12.차세대 에너지 개발의 목표와 전망
13.〈중간 차례_3〉
14-16.폐기물 에너지/수소 에너지 효율성 분석
17.기대효과 및 활용 가능 분야
18-19.시장성 분석 결과 보고
20.한국에너지기술연구원의 지원 조건
21.〈중간 차례_4〉
22-23.요약 (Ⅱ와 Ⅲ)
24.보도자료 소개(인쇄)
25-26.기획단장/개발부장 인사(화면→약력)
27.IR자료의 동영상 배경으로 진행자 마무리

순서도 ②

3. 누구에게나 반복적으로 사용하는 어떤 말들이 있게 마련이다. 각자가 습관적으로 사용하는 상투어나 불필요한 삽입어는 무엇인지 찾아보자.

4. 5절의 프레젠테이션 시안이 구체적으로 어떤 청중을 대상으로 하고 있으며, 무슨 목표를 달성하기 위한 것인지 점검해 보자. 구조적 문제점 및 세부적인 수정 사항이 무엇인지 지적하고 어떻게 고칠 수 있는지 생각해 보자. 또, 대본을 만들어 보면서 실제로 시연했을 때 어떤 문제점이 생길 수 있는지도 검토해 보자.

5. 실험 · 실습 보고서나 제안서를 제작 · 발표하고, '시연 평가서' 작성을 통해 공동 평가를 수행해 보자. 발표와 평가 과정 전체를 영상 자료로 녹화하여 점검해 보자.

지식을 전달하고 교환하며 기록하는 방법,
특히 음성을 기록하는 기술의 발전만큼
문명의 발전에 기여했던 것은 없다.

● 콜린 첼리

1. 사회 발전의 원천: 과학과 기술 그리고 그 담당자들

과학과 기술은 인간의 사유 체계와 생활 양식의 진보에 따른 산물인 동시에 그 원동력이기도 하다. 이미 오래전부터 인간은 과학과 기술의 힘을 통해 삶의 질을 높여 왔다. 두 발로 선 이래 도구를 이용해 사냥을 하고 불을 지펴 추위를 이기면서 인간은 생각과 행동을 조직하고 계획할 수 있었고, 이로써 진보를 거듭할 수 있었다.

과학 기술 지식과 수단이 정교해질수록 이전과는 전혀 다른 생활이 가능해졌다. 그리고 생활 환경의 변화는 다시 새로운 과학적·기술적 도약을 가능케 하는 조건이 되었다. 인류 역사는 인간과 인간이 만들어 낸 것들 사이의 상호 작용을 통해 발전해 왔다. 증기 기관이 그러했듯 컴퓨터는 이미 전 세계의 산업적·경제적·사회적·문화적 환경을 완전히 뒤바꾸어 놓았다. 그리고 아직 실현되지 않은 놀랍고도 새로운 변화를 꿈꿀 수 있게 해 주고 있다.

이러한 발전은 축적된 지식과 경험을 효과적으로 전달할 수 있는 도구와 시스템의 존재로 인해 가능했다. 아마도 처음에는 매우 단순한 형태의 몸짓이나 행동, 소리 등을 통해 지식과 경험을 전달했을 것이다. 그러나 그 수단은 점차 다양하고 정교해졌다. 오늘날에는 전화, 전신, 컴퓨터와 전자 우편 등의 여러 가지 의사소통 방식이 일상화·보편화되고 있다. 정보와 지식의 공유가 공동체 내부에 국한되는 것이 아니라 전 세계로 확장되면서 낯선 사람과의 소통이나 다양한 집단들 사이의 교류도 가능해졌다. 이 같은 변화는 새로운 탐구와 창조를 담당한 과학 기술자들의 역할 및 연구 개발 활동에 큰 영향을 미치고 있다.

현대의 과학 기술자는 개인의 호기심을 충족시키는 데에만 관심을 쏟는다든지 자신이 속한 집단 안에서만 활동할 수 없다. 그는 서로 다른 영역의 전문가들과 만나 자신의 문제 의식과 연구 전략, 기술적 실현 여부, 시장에서의 성공 가능성을 설명하거나 설득해야 하며, 사회적 요구와 정치·문화적 환경을 고려하는 가운데 자신의 연구와 발명을 계획해야 한다. 따라서 다른 분야에 관한 지식과 의사소통 능력이 부족한 과학 기술자가 설 자리는 점점 좁아지고 있다.

대학과 산업의 연구 분야에서도 다양한 학문 간 협력과 학제간 연구, 융합 연구의 중요성이 대두되고 있다. 따라서 전문 지식과 기술적 능력뿐만 아니라 의사소통 능력과 리더십이 뛰어난 과학 기술 인재가 환영받고 있다. 그럼에도 불구하고 과학 기술 분야의 전공자들에게 의사소통 능력과 리더십을 키워 줄 수 있는 체계적 교육이 이루어진 것은 얼마 되지 않는다. 21세기의 과학 기술자들은 반드시 전문 분야 및 그와 연관된 다른 부문 공동체, 그리고 사회의 각 영역에서 자신의 생각과 의견을 제시할 수 있는 표현 능력을 갖추어야만 한다.

2. 돌도끼에서 유비쿼터스까지

1) 자연과 인간의 삶을 변형시킨 도구

인류학자들은 유인원이 공동 생활 양식을 발견하고 도구를 발명하여 사용할 수 있을 정도까지 이르는 데 600만 년에서 900만 년이라는 시간이 걸렸을 것이라고 추측하고 있다. 그러나 일단 도구를 사용하게 되자 시간은 갑자기 빠르게 움직이기 시작했다. 자연을 변형시키는 도구의 등장은 곧바로 인간의 사고와 활동의 범위를 넓히기 시작했다. 자신과 공동체의 생존을 위해 날카로운 돌도끼를 만들고 또 그 기술을 가르치는 과정에서 인간은 처음으로 그들의 입술을 말하는 데 사용하기 시작했을 것이다.

2) 프로메테우스가 훔친 것

처음 인류의 조상들은 산불이나 화산과 같은 자연 현상을 통해 불을 접했을 것이다. 우연히 불의 유용성을 알게 된 그들은 불을 피우는 방법을 익힘으로써 자신들의 생활 조건을 완전히 바꿀 수 있었다. 이제 음식을 익혀 먹거나 추위를 피할 수 있었고 먼 곳으로의 이동도 가능해졌다. 때에 따라서 불은 적의 침략을 알리는 수단으로도 활용되었다. 프로메테우스가 신으로부터 불을 훔쳤다고 여긴 그리스 인들의 상상력은 이와 같은 불의 놀라운 능력에 대한 찬사일 것이다.

3) 동굴 벽화: 대상을 장악하다

토머스 애슬은 『글쓰기의 기원과 발달』이라는 책에서 "말하고 행동하는 것을 그림으로 그려 시각에 호소하는 이 놀랍고도 신비한 기술은 어디에서 왔을까? 마술과 같은 선들을 그려 가며 생각에 색칠을 하고 형체를 익히는 법을 도대체 우리는 어디에서 배웠을까?"라고 감탄했다.

또 아놀드 하우저에 따르면 인류 최초의 그림들은 마술의 도구였다. 이 시대의 사냥꾼 예술가들은 그림을 통해 실물 자체를 소유한다고 믿었고 그림을 그림으로써 그려진 사물을 지배하는 힘을 얻는다고 믿었던 것이다.

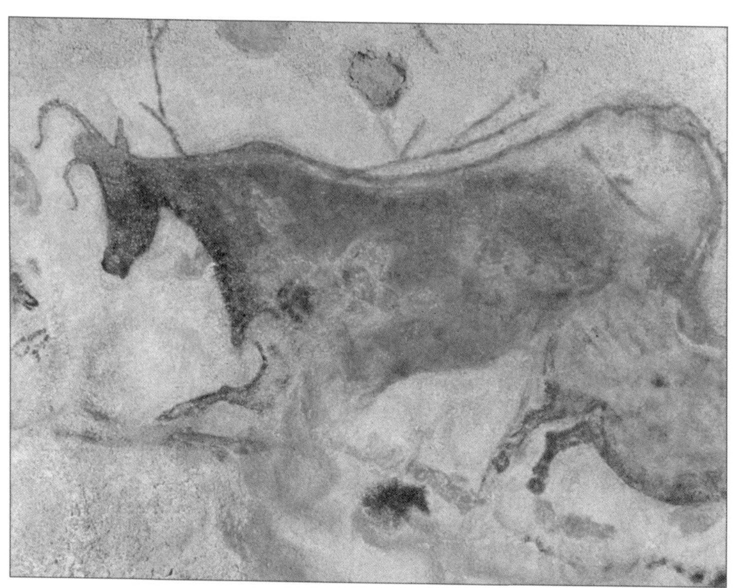

그림 1 프랑스 라스코의 동굴 벽화.

4) 고대의 건축물: 구조화된 표현

신석기 시대와 청동기 초기에 건축된 거석주군(巨石柱群 stonehenge)에서 발견된 돌 중 일부는 이 장소에서 멀리 떨어진 곳으로부터 운반되어 온 것이라고 한다. 돌 하나의 무게는 26톤에 이른다. 거석주군이나 피라미드는 특정한 계획과 목적 아래 여러 세대에 걸쳐 만들어졌다. 공동체 우두머리의 권력이 공고해지고 권력 세습 구조가 정착되면서 그에 상응하여 거대한 구조적 건축물이 등장한 것이다.

5) 숫자와 문자의 탄생: 추상화 능력의 획득

문자와 숫자는 애당초 고도의 지적 목적을 실현하려는 것이 아니

그림 2 솔즈베리 평원의 스톤헨지. 기원전 3500~2000년에 만들어진 이 신석기 건축물은 당시의 놀라운 기술 수준을 보여 준다.

그림 3 이집트의 문자는 그림 문자에서 진화해 상형 문자(기원전 3000년경)가 되었다. 이 문자는 신전의 벽이나 기둥에 새겨졌기 때문에 '성각문자(聖刻文字)'라고도 불린다. 그림의 문자는 고대 이집트의 파라오 세티 1세의 무덤 벽에 그려진 것으로 윗부분은 태양신 라의 운동을 하늘의 신들과 함께 나타낸 것이다. 신들의 머리 위에는 신들의 이름과 당시의 천문학적 지식이 표시되어 있다.

라 기록과 계산을 하려는 단순하고 실제적인 필요 때문에 발명되었다. 그런데 이렇게 만들어진 기호의 체계는 인간을 추상적 사고의 세계로 인도하게 된다. 수는 사물들 각각이 지니고 있는 고유한 특성과 사물들 사이의 차이를 무시하게 만들었는데, 그 결과 인간은 자연스럽게 '추상화'를 수행할 수 있었다. 수의 체계로부터 논리적 규칙을 도출하기까지 오랜 시간이 걸렸지만 추상화를 통해 인간 사고의 지평은 무한의 영역으로 확장되었다.

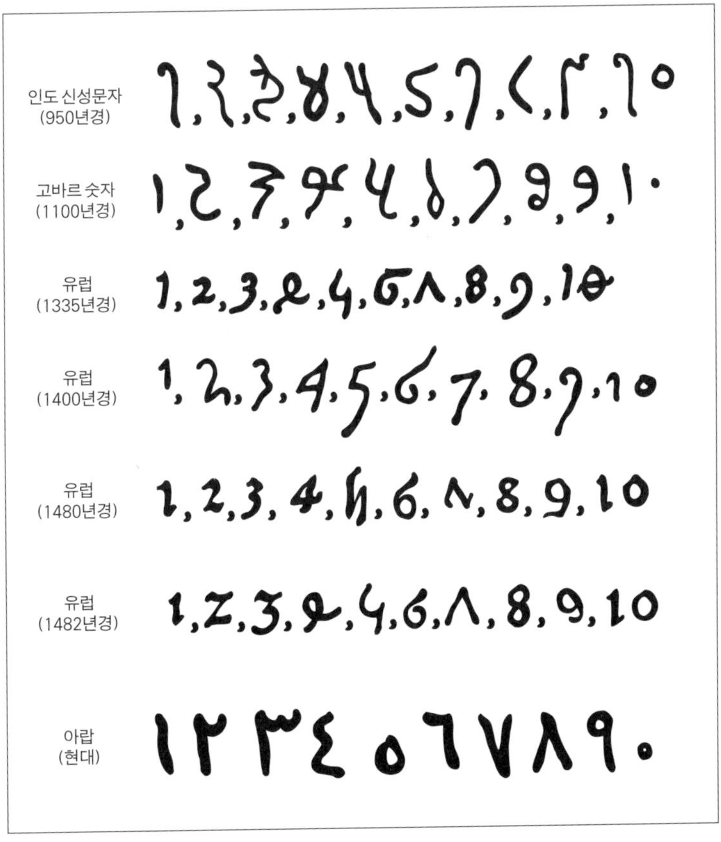

그림 4 기수 체계의 발명과 발전은 인간의 추상화 능력을 고도로 발전시켰다. 그림은 인도 신성 문자에서 현대의 아랍 문자까지 아라비아 숫자의 변천을 다룬 것이다.

6) 하늘에 대한 보고서: 세밀한 관측과 기록

하늘과 자연 세계에 대한 엄밀한 지식을 얻어야 할 필요가 생기자 사람들은 세밀한 관측을 수행하고 기록을 남기기 시작했다. 그것은 자연의 질서를 이해하고 전수하려는 지적 탐구의 소산이었다. 그 과정에서 현상 이면에 감춰진 법칙성에 대한 탐구가 본격적으로 시작되었다.

7) 시간의 구분과 측정

다른 기술적 발명품들과 마찬가지로 시계도 사회적 필요의 산물이다. 중앙 집권적이었던 고대 이집트와 메소포타미아에서는 시간을 효율적으로 조직할 필요가 생겼다. 그때 처음 만들어진 시계는 그림자 시계나 해시계였다. 중국에서 처음으로 등장한 기계 시계는 시간을 알려 주는 것이었다기보다 천문 관측과 점성학에 쓰이는 장치였다. 시계 제작 기술의 발달은 예를 들어 천체 운동의 연구나 선박의 안전한 항해, 기도 시간의 정확한 고지 등 다양한 목적을 실현하기 위해 추진되었다.

8) 군사 기술자 레오나르도 다빈치

레오나르도 다빈치는 이탈리아 르네상스를 대표하는 예술가이자 과학자, 기술자, 발명가였다. 레오나르도 다빈치는 밀라노 공작에게 구직 편지를 쓰면서, 스스로를 '군사 기술자(military engineer)'라 지칭하

그림 5 서기 725년 중국의 기술자인 양령찬(梁令瓚)은 기계식 시계에 필수적인 탈진기를 발명했다.
탈진기는 진자와 톱니바퀴를 연결하는 장치로 진자의 운동을 이용해 일정한 시간 간격으로 톱니바퀴가 한
이씩 회전하도록 하는 장치이다. 사진의 정교한 시계탑은 천문 관측용 물시계로 기원전 1088년에
소송(蘇頌)과 그의 동료들이 세운 수운 의상대이다. 당대의 것은 예전에 사라졌고 사진은 최근에 복원한
것이다.

그림 6 레오나르도 다빈치가 설계한 '나는 기계(헬리콥터)'와 연발식 석궁.

고 무기와 성의 설계도를 제시하기도 했다. 그림 6의 '나는 기계'는 실현 가능성 여부를 떠나 과학 기술자로서의 레오나르도 다빈치가 가진 상상력을 엿보게 한다. 그에게는 자신의 자유로운 상상력을 표현하고 설계할 수 있는 능력이 있었다.

9) 인쇄술: 지식의 대중적 확산, 그 기틀을 마련하다

인류는 어떻게 중세의 신학적 세계관과 지역적 지식에서 벗어나 인간 활동의 독립성과 자율성, 인류 보편의 가치를 위해 투쟁하게 되었을까? 이러한 투쟁은 더 많은 사람들이 다양한 지식을 접하고 생각을 공유할 수 있게 됨으로써 가능했다.

요하네스 구텐베르크가 만든 이동식 활판 인쇄기는 서구의 문서 기록 체제를 급속도로 바꾸어 놓았다. 구텐베르크의 금속 활자는 오래 쓸 수 있었고 활자를 하나씩 만들 수 있었으며 활자판을 바꾸어 찍을 수 있는 이점이 있었다.

인쇄술의 확산은 특권 계급의 독점물이었던 학문을 대중화했고 무지와 정치적 압제, 불합리에 대항할 수 있는 지적 토대를 마련했다. 인쇄술의 발전이 없었다면 근대 정신도 탄생하지 못했을 것이다.

10) 과학 혁명: 새로운 과학 언어의 등장

과학 혁명이란 코페르니쿠스의 『천구의 회전에 대하여』와 베살리우스의 『인체의 구조에 관하여』가 출판된 1543년부터 뉴턴의 『프린키피아』가 발간된 1687년까지 진행된 과학상의 혁명을 가리킨다. 이 혁명을 통해 근대 과학이 성립되었다. 과학 혁명의 본질은 실험적 방법을 도입하여 지식과 경험을 결합한 데 있었다. 실험을 통한 과학적 원리의 검증과 확인, 논리적·수학적으로 다듬어진 이론의 확립과 보편적 자연 법칙의 탐구가 근대 과학의 핵심이 되었다.

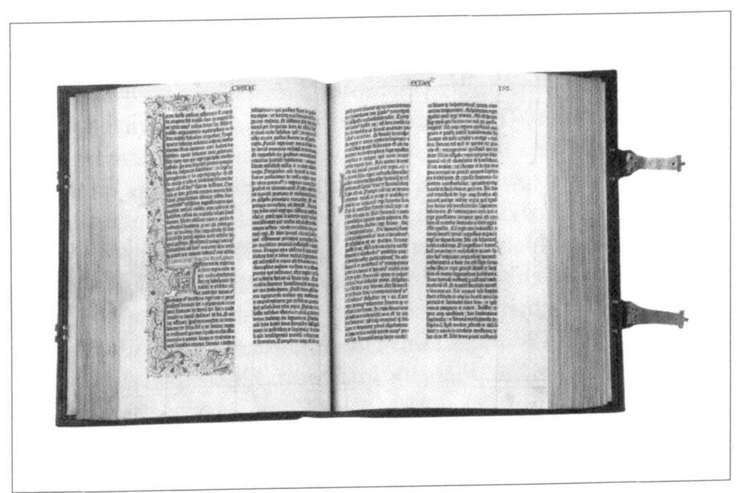

그림 7 구텐베르크가 최초로 인쇄한 것은 42행 2단으로 되어 있는 『42행 성서』(1455년)이다. 이후 1500년까지 200판이 넘는 성경이 제작되었으며, 6개 언어, 30종에 이르는 성경이 만들어지기도 했다. 라틴 어가 아니라 민족어로 된 성경은 근대적인 언어 공동체의 통합을 촉진시켰다.

11) 이론과 설계: 과학과 기술의 화학 반응

프랜시스 베이컨은 과학과 기술을 진보시키는 데 가장 필요한 것은 새로운 원리와 방법, 그리고 경험적 사실을 탐구하는 것이라고 주장했다. 과학은 관찰과 병행하여 실험적 방법을 자기 것으로 만듦으로써 근대 과학이 되었다. 순수 이론 연구 및 실험, 그리고 학문적 탐구와 경험적 검증의 결합은 산업 혁명의 진전과 연관되면서 거대한 변화의 물결을 일으켰다.

12) 산업 혁명이 갖는 또 하나의 의미: 시스템의 혁명

노동의 분업에 기초한 협업이 기계제 대공업의 시스템으로 통합되면서 유례없는 생산력 증대의 효과가 나타났다. 산업 혁명은 사실 기술 혁명이라기보다는 오히려 노동의 조직화, 인간과 기계의 결합, 새로운 관리 시스템의 도입을 포괄하는 시스템의 혁명이었다. 기술은 더 이상 사회와 분리된 독립적 영역이 아니라 인간과 사회 사이에서 촘촘하게 연결되어 있는 복합적인 실재로 인식되기 시작했다.

산업 혁명이 초래한 대량 생산, 대량 소비 시스템은 새로운 도시 풍경을 만들어 냈다. 산업화와 근대화의 상징으로 나타난 공장 굴뚝의 연기는 환경 오염과 생태계 파괴와 같은 과학 기술의 폐해를 또한 예고하는 것이었다. 그리고 이로써 과학 기술에 대한 사회적 성찰과 책임 있는 행동에 대한 논의는 절실한 것이 되었다.

그림 8 과학과 기술의 결합이 낳은 결과. 1890년대 산업화된 국가의 공장들은 굴뚝을 통해 하늘로 엄청난 연기를 내뿜었다.

13) 설득하는 기술: '보이지 않는 것'을 보이게 만드는 방법

뢴트겐은 기존의 광선보다 훨씬 더 강한 투과력을 가진 방사선의 존재를 확인하고, 이를 다른 방사선과 구별하기 위해 엑스선이라고 명명했다. 이 업적으로 그는 1901년 최초의 노벨 물리학상 수상자가 되었다. 이후 엑스선은 인류에게 지금까지 볼 수 없었던 세계를 보여주었다. 그중 하나가 생명의 본질을 파헤치는 열쇠인 DNA의 구조이다.

1869년 독일의 한 과학자가 박테리아에서 DNA라는 물질을 발견했지만 그것이 무엇인지는 알아내지는 못했다. 거의 한 세기가 흐른 뒤인 1952년 미국의 허시와 체이스가 비로소 DNA가 유전 정보를 전달하는 물질이라는 사실을 증명했다. 이후 DNA의 구조와 메커니

그림 9 DNA의 이중 나선 구조를 발견한 왓슨(왼쪽)과 크릭(오른쪽).

즘을 밝히기 위한 과학자들의 경쟁이 치열하게 전개되었고 그 승자가 바로 제임스 왓슨과 프랜시스 크릭이었다. 1953년에 그들은 DNA가 사슬 두 가닥이 나선처럼 꼬여 있는 이중 나선 구조라는 사실을 《네이처》에 발표하여 1962년 노벨 생리·의학상을 공동 수상했다. 왓슨과 크릭의 이중 나선 모형은 비교적 쉽게 발견되었고 또 학계에서 폭넓게 인정받을 수 있었는데, 그 이유는 그들이 이론적 가설과 고찰에 근거하여 모형을 만들면서 이를 DNA의 엑스선 회절 사진과 비교·검토할 수 있었다는 데 있다.

14) 이진법의 언어: 컴퓨터와 신기술이 여는 새로운 세계

컴퓨터가 삶의 영역에 등장한 이후 그것은 단순한 도구 이상의 역할을 수행하기 시작했다. 컴퓨터는 과학 기술 지식의 영역뿐만 아니라 일상 생활의 의사소통 방법까지 전면적으로 바꾸어 냈다. 시공간의 제약에서 자유로워진 쌍방향 접촉을 가능하게 만든 것은 0과 1의 조합으로 탄생된 또 하나의 우주이다.

15) 유연한 의사소통 능력: 21세기 과학 기술자의 필수 능력

"나에게는 단순하지만 강한 믿음이 있다. 정보를 어떻게 수집하고 관리하며 활용하는가에 따라 사업의 성패가 좌우되리라는 것이다." 세계적인 정보 사업가 빌 게이츠는 자신의 책 『생각의 속도』에서 이렇게 말했다. 그의 말 그대로 정보를 둘러싼 의사소통을 유연하게 처리하는 능력은 21세기의 과학기술자에게 가장 중요한 것으로 받아

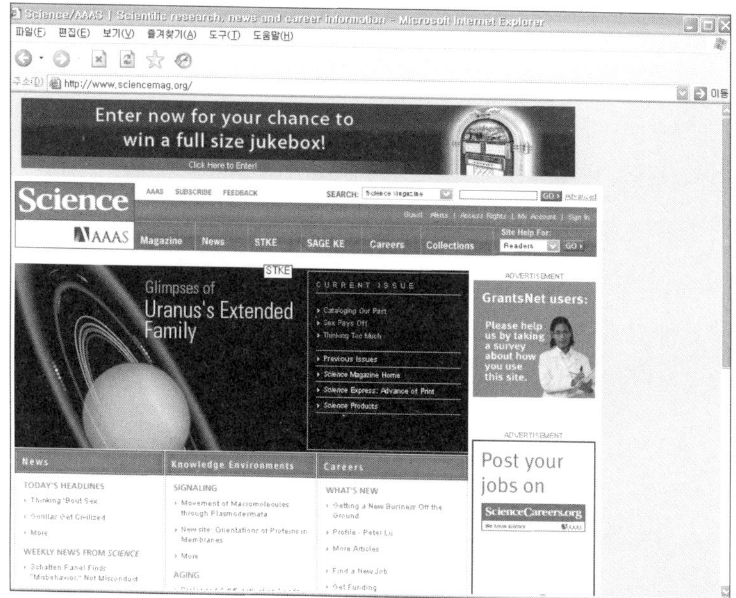

그림 10 컴퓨터의 등장과 함께 과학 글쓰기의 형식과 내용 역시 바뀌기 시작했다. 사진은 세계적인 과학 저널 《사이언스》의 홈페이지.

들여지고 있다.

21세기를 맞이하면서 미국을 비롯한 세계 각국의 대학은 과학 기술 교육에서 가장 중시해야 할 바가 무엇인지에 대해 논의한 바 있다. 그들은 공통적으로 전문적인 과학 기술 능력 이외에도 '의사를 효과적으로 전달하는 능력'과 '팀의 한 구성원 혹은 리더로서 역할을 충실히 수행할 수 있는 능력'을 키워야 한다고 역설했다.

16) 유비쿼터스: 통합, 통합, 그리고 통합

유비쿼터스란 물이나 공기처럼 시공을 초월해 '언제 어디에나 존재한다.'라는 뜻의 라틴 어에서 온 말이다. 이 말은 사용자가 컴퓨터나 네트워크를 의식하지 않고 장소에 관계없이 자유롭게 접속할 수 있는 정보 통신 환경을 뜻한다. 유비쿼터스는 인간과 사물을 연결하는 데에서 더 나아가 인간과 인간을 연결함으로써 우리 삶의 새로운 환경을 조성하고 있다. 장소에 구애받지 않으며 자연스럽게 존재하고 스스로 판단할 수 있는 자율성을 갖춘 유비쿼터스 환경의 비전은 더 이상 공상이 아니라 실현 단계에 접어들었다.

인간과 세계, 인간과 인간의 연계성이 넓어지고 강화되는 시대적 변화의 흐름 속에서 과학적이고 기술적인 행위와 판단은 곧 사회적이고 경제적이며 문화적인 행위와 판단으로 직결된다. 과학 기술자의 의사 소통과 표현 능력은 이제 선택 사항이 아니라 필수 사항인 것이다.

주(註)

책머리에

5쪽 "훌륭한 과학 기술자는 훌륭한 저술가일 필요가 있"다는 말은 MIT의 제임스 패러디 교수의 발언이다.

1장 왜 과학 글쓰기인가?

16쪽 "미국 국립 공학 아카데미(NAE)의 연구 보고서"는 Clough, G., Agogino, A. and Campbell, G., et al., *The Engineer of 2020*, The National Academies Press, Washington, D. C., 2004에서 인용.

17쪽 "이공계 학생들 가운데에는 글쓰기에 자신감을 갖지 못한 학생들이 흔하다." 공과 대학 신입생들은 자신의 기초 학습 능력 가운데 가장 낮은 것이 글쓰기 능력이라고 생각하고 있다. 이은실, 김경선, 정유지, 「포항공대 글쓰기 프로그램에 대한 학생 의견 조사」, 포항공과대학교 대학교육개발센터, 2004에서 인용.

20쪽 『실험실 생활』은 '과학과 사회의 상호 구성'이라는 혁신적인 주장으로 과학 기술자와 과학학자 사이에서 지금까지도 논란의 대상이 되고 있는 책이다. 원제는 Latour, B. and Woolga, S., *Laboratory Life: The Social Construction of Scientific Facts*, Princeton University Press, 1986. 또 『작동 중인 과학』은 과학이 과학 기술자들의 구체적인 활동에 의해 만들어지고 작동된다는 라투어의 사회 구성주의를 잘 보여 주는 논문집으로 원제는 *Science in Action*, Harvard University Press, 1988. 라투어의 연구에 대한 더 자세한 설명은 홍성욱, 『생산력과 문화로서의 과학기술』, 문학과지성사, 1999 참조.

21쪽 갈릴레오 갈릴레이의 『별들의 소식』은 우리나라에 갈릴레오 갈릴레이, 장헌영 옮김, 『시데레우스 눈치우스』, 승산, 2004로 번역·출간되었다.

22쪽 『일 사지아토레(*Il Saggiatore*)』는 '위금 감식관(僞金鑑識官)', '시금자(試金者)', '감시자' 등으로 번역할 수 있다.

24쪽 과학 글쓰기의 역사와 특징에 대한 더 자세한 논의는 존 앵구스 캠벨(John Angus Campbell), 「찰스 다윈: 과학의 수사가」, 존 넬슨(John S. Nelson), 박우수, 양태종 외 옮김, 『인문과학의 수사학』, 고려대학교 출판부, 2003; 존 캐리(John Carey), 이광렬, 박정수, 정병기 외 옮김, 『지식의 원전: 다빈치에서 파인만까지』, 바다출판사, 2004; 레베카 스테포프(Rebecca Stefoff), 이한음 옮김, 『진화론과 다윈』, 바다출판사, 2002; 월터 존 무어(Walter John Moore), 전대호 옮김, 『슈뢰딩거의 삶』, 사이언스북스, 1997 등 참조.

2장 협력 활동과 글쓰기

31쪽 "협력하여 작업을 하거나 글을 쓰는 방법"에 대해서는 W. C. 부스(W. C. Booth), G. G. 컬럼(G. G. Colomb), and J. M. 윌리엄스(J. M. Williams), 양기석 옮김, 『학술논문작성법』, 나남출판, 2000, 66~71쪽 참조.

34쪽 참여자들이 "합의"해야 할 사항에 대한 더 자세한 논의는 Paradis, J. G.

and Zimmerman, M. L., *The MIT Guide to Science and Engineering Communication*, 2nd. ed., The MIT Press, Cambridge and Massachusetts, 2002 참조.

36쪽 "효과적인 회의 진행을 위한 매뉴얼"은 Paradis, J. G. and Zimmerman, M. L., *The MIT Guide to Science and Engineering Communication*, 2nd. ed., The MIT Press, Cambridge and Massachusetts, 2002 참조.

3장 과학 글쓰기의 전략

51쪽 "그림 3. 3 화제의 탐색과 확장 과정"은 Paradis, J. G. and Zimmerman, M. L., *The MIT Guide to Science and Engineering Communication*, 2nd. ed., The MIT Press, Cambridge and Massachusetts, 2002. p. 50의 그림을 참조하여 내용에 맞게 새로 그린 것이다.

54쪽 "그림 3. 5 주장을 내세울 때 우선 고려해야 할 사항들"은 Olsen, L. A. and Huckin, T. N., *Technical Writing and Professional Communications*, 2nd. ed., McGraw-Hill, Inc., New York, 1991, pp. 79-83 참조.

57~58쪽 "분석적 과제를 다루는 문서"의 개요는 Vanalstyne, J. S. and Tritt, M. D. *Professional & Technical Writing Strategies*, Pearson Education, Inc., 2002, pp. 334-335를 참조하여 새로 그린 것이다.

57~59쪽 "문제 해결을 위한 문서"의 개요는 Olsen, L. A. and Huckin, T. N., *Technical Writing and Professional Communications*, 2nd. ed., McGraw-Hill, Inc., New York, 1991, p. 85를 참조하여 그린 것이다.

60쪽 "논리에 따른 개요 짜기와 중요도에 따른 개요 짜기의 차이"를 보여 주는 그림은 Paradis, J. G. and Zimmerman, M. L., *The MIT Guide to Science and Engineering Communication*, 2nd. ed., The MIT Press, Cambridge and Massachusetts, 2002, p. 55를 참조하여 그린 것이다.

4장 정보 탐색

66쪽 "벨라미"의 글은 Bellamy, D., "Glaciers are cool", *NewScientist*, 2495, 16. Apr. 2005에 실려 있다.

66~67쪽 "몬비옷"의 조사 내용은 Monbiot, G., "Junk science", *Guardian*, 10. May 2005 참조. www.guardian.co.uk/comment/story/0,3604, 1480279,00.html

70쪽 "자신이 소속되어 있는 대학 도서관에 소장되어 있지 않은 자료"를 보려면 각 대학의 도서관들이 제공하는 상호 대차 서비스를 이용하면 된다. 학생들과 연구자들은 이 서비스를 통해서 멀리 떨어져 있는 대학의 도서관을 방문하지 않고도 자신이 원하는 자료를 우편으로 받아볼 수가 있다. 이 서비스를 위해 각 대학의 도서관에는 상호 대차 담당자를 두고 있다. 자료의 위치 및 서지 사항, 청구 기호 등을 조사하여 도서관의 상호 대차 담당자에게 신청하면, 담당자가 해당 자료를 소장하고 있는 대학에 연락하여 신청한 자료의 원본이나 복사본을 우편으로 보내 줄 것을 요청한다.

5장 과학 글쓰기와 윤리

85~86쪽 "얀 헨드리크 쇤 사건"에 대해서는 과학 기술학 연구자인 김명진의 홈페이지(http://myhome.naver.com/walker71/sci_fraud.htm) 참조. 과학계의 기만 사건에 대해서는 W. 브로드, N. 웨이드, 박익수 옮김 『배신의 과학자들』, 겸지사, 2002 참조.

86쪽 "나노 기술"은 이른바 '6T' 가운데 하나이다. '6T'는 '정보 통신 기술 (IT, Information Technology)', '생명 공학 기술(BT, Biology Technology)', '나노 기술(NT, Nano Technology)', '환경 공학 기술(ET, Environment Technology)', '우주 항공 기술(ST, Space Technology)', '문화 콘텐츠 기술(CT, Culture Technology)' 등 미래에 유망한 여섯 가지 첨단 신기술 산업을 총괄하여

지칭하는 말이다.

86쪽 "그림 5. 1 연구와 보고 과정에서 윤리적 문제를 발생시키는 행위들"은 P. J. 프리드먼(P. J. Friedman), 김명진 옮김, 「연구윤리서설」, 『과학연구윤리』, 유네스코한국위원회 편, 당대, 2001, 253쪽에서 발췌·요약한 것이다.

87쪽 "연구와 보고 과정에서 정직성과 완전성"을 유지하는 것은 최근 세계 과학계에서 중요한 문제로 부각되고 있다. 1999년 6월 26일부터 7월 1일까지 헝가리 부다페스트에서 유엔 교육 과학 위원회(UNESCO)와 국제 과학 연맹 위원회(ICSU)의 주최로 '21세기를 위한 과학: 새로운 다짐'을 주제로 한 '세계 과학 회의'가 열렸다. 이 회의에 참석한 197개국의 대표단과 2000여 명의 과학자 및 정책 결정자들은 '지식을 위한 과학', '평화를 위한 과학', '발전을 위한 과학', '사회를 위한 과학'을 주요 내용으로 하는 「과학과 과학 지식의 이용에 관한 선언」과 「과학 의제: 행동 강령」을 채택했다. 여기서 특히 과학 기술 활동의 윤리적 측면이 중요시되었다. 이 문제에 대한 더 자세한 논의는 김명진, 「한국의 과학윤리 현황과 앞으로의 과제」, 《과학사상》 43, 범양사, 2002. 12 참조. 「과학 의제」와 「과학과 과학 지식 이용에 관한 선언」의 한국어 번역은 김명진의 홈페이지(http://myhome. naver.com/walker71) 참조.

87쪽 "과학적 기만의 삼위일체"와 관련해서는 P. J. 프리드먼(P. J. Friedman), 김명진 옮김, 「연구윤리서설」, 『과학연구윤리』, 유네스코한국위원회 편, 당대, 2001, 250~281쪽 참조.

88~90쪽 "연구 결과를 발표할 때 지켜야 할 저자의 윤리적 의무"는 Dodd, J. S.(ed.), *The ACS Style Guide-A Manual For Authors and Editors* 2nd. Ed., American Chemical Society, Washington, D. C. 1997, pp. 417-423를 바탕으로 번역·정리한 것이다. 이 글은 미국 화학회(ACS)가 과학 연구의 발표에 관여하는 사람들, 특히 잡지 편집자, 저자, 원고 심사자가 자신의 업무에서 준수해야 할 일련의 윤리 지침을 제시하고 있는 글 가운데 '저자의 윤리적 의무' 부분(pp. 419-421)을 번역한 것이다.

93쪽 "그 밖의 자료 인용"과 관련해서는 Amato, C. J., *The World's Easiest Guide to Using the APA* 3rd. ed., Stranger Publishing Company,

California, 2002. pp. 55~78 참조.

94쪽 "의식적이든 무의식적이든 …… 왜곡하여 인용해서도 안 된다."는 홍영석,『과학 기술의 윤리성』, 교우사, 2002, 89~90쪽에서 인용한 것이다.

93쪽 "그림 5. 3 표절에 해당되는 행위들"에 대해 더 자세히 알고 싶으면 얼배비(Earl Babbie), 고성호 외 옮김,『사회조사방법론』9판, 도서출판 그린, 2002, 619~620쪽 참조.

94~96쪽 "저작권법" 부분은 동국대학교 법학과의 서계원 교수가 정리해 주었다.

95쪽 "정당한 인용"은 저작권법 제25조「공표된 저작물의 인용」참조.

95쪽 "공정 인용"에 대하여 저작권법 제22조 내지 제35조는 저작권의 제한이라는 개념으로 규정하고 있다. 즉 재판 절차 등에서의 복제(제22조), 학교 교육 목적 등에의 이용(제23조), 시사 보도를 위한 이용(제24조), 공표된 저작물의 인용(제25조), 영리를 목적으로 하지 아니하는 공연·재생(제26조), 사적 이용을 위한 복제(제27조), 도서관 등에서의 복제(제28조), 시험 문제로서의 복제(제29조), 시각 장애인 등을 위한 복제(제30조), 방송 사업자의 일시적 녹음·녹화(제31조), 미술 저작물 등의 전시 또는 복제(제32조), 번역 등에 의한 이용(제33조), 출처의 명시(제34조) 등에 해당될 때에는 공정 이용의 법리가 적용되어 예외적으로 저작권이 제한되는 경우가 있다.

95쪽 "공정 인용"의 "전제 조건"에 대해서는 정상조,『지적재산권법』, 홍문사, 2004, 429~430쪽 참조.

96쪽 저작권 침해와 관련된 판례는 대법원 1990. 2. 27. 선고 89다카4342 판결, 대법원 1999. 10. 22. 선고 98도112 판결, 대법원 2000. 10. 24. 선고 99다10813 판결 참조.

7장 표와 그래프

137쪽 "그림 7. 1"의 그림과 설명은 Paradis, J. G. and Zimmerman, M. L., *The MIT Guide to Science and Engineering Communication*, 2nd. ed., The

MIT Press, Cambridge and Massachusetts, 2002, p. 62에서 인용.

141쪽 "그림 7. 6"은 로버트 에를리히(Rober Ehrlich), 김희봉 옮김, 『어쩌면 사실일지도 모르는 9가지 크레이지 아이디어』, 사이언스북스, 2004, 139쪽에서 인용.

145~146쪽 이 그림들은 Rubens, P., *Science & Technical Writing: A Manual of Style*, 2nd. ed., Routledge, New York and London, 2001의 그림들을 참조해 새로 그렸다.

8장 보고서

150~153쪽 선용빈·김유택 편저, 『엔지니어를 위한 문서 작성 지침』, 홍릉과학출판사, 2001, 131~132쪽.

154쪽 영문 제목의 수정에 대해서는 Paradis, J. G. and Zimmerman, M. L., *The MIT Guide to Science and Engineering Communication*, 2nd. ed., The MIT Press, Cambridge and Massachusetts, 2002, pp. 197-199 참조.

9장 논문

167~168쪽 "학술 논문의 특징"에 관해서는 금동화, 이준근, 「기술논문 작성법[2]: 글쓰기의 기본요소를 먼저 생각하자」, 《재료마당》 Vol.13, No. 2, 대한금속재료학회, 2000, 101쪽 참조.

169쪽 이 장에서 활용한 논문의 체재는 Paradis, J. G. and Zimmerman, M. L., *The MIT Guide to Science and Engineering Communication*, 2nd. ed., The MIT Press, Cambridge and Massachusetts, 2002, p. 223을 참조하여 재구성했음을 밝혀 둔다.

170~171쪽 우리나라의 이공계 논문에서는 보통 'Abstract'를 '요약'으로 번역하고 있다. 일본의 경우 Abstract를 Summary와 구별하여 '초록(抄錄)'

으로 번역한다. 논문의 본체와 독립적인 위치에서 기술되는 글이 초록 (Abstract)이라면, 논문의 본체에 소속되어 글 전체를 요약하는 글은 요약 (Summary)으로 정리할 수 있다. 그러나 우리나라 학계에서는 Abstract와 Summary를 분명하게 구별하여 사용하지 않아 혼동을 초래하고 있다. 어떤 경우에는 동일한 논문에서조차 두 용어를 구분 없이 사용하여 혼란을 불러일으키는 일도 있다. 이에 대한 분명한 구별이 필요하다. 이 책의 10장에서는 Abstract를 '초록'으로, Summary를 '요약'으로 구별하여 사용한다.

171쪽 본문에서 사용된 "초록"은 송철회 외, 「비정질 유전체 $KNbAGeO_5$의 결정화 기구 및 유전 효과 연구」, 《새물리》, 48권 6호, 한국물리학회, 2004에서 인용.

172쪽 "그림 9. 2"의 서론의 기능과 기본 요소에 대해서는 금동화, 이준근, 「기술논문 작성법[6]: 서론에 무엇을 쓸 것인가?」, 《재료마당》 Vol. 13, No.1, 대한금속재료학회, 2000, 78~79쪽 참조.

173~174쪽 본문에 인용된 논문의 "서론"은 김동근 외, 「RHEED와 SIMS를 이용한 SI(100)2×1c(4×4) 구조상전이 연구」, 《새물리》, 46권 3호, 한국물리학회, 2003에서 인용.

175~176쪽 본문의 "1) 시료 용액 준비"와 "실험 과정"은 임갑수, 박용남, 「1-Nitroso-2-naphthal 침전제를 사용한 연속 흐름 선농축법에 의한 코발트의 정량 분석」, 《한국화학회지》, 한국화학회, 43권 6호에서 인용.

177~178쪽 본문에서 인용된 논문의 "결과"는 이기택 외, 「탄소 에어로젤 복합 전극의 전기 용량적 탈이온 공정 특성」, 《한국전기화학회지》, 8권 2호, 한국전기화학회, 2005에서 인용.

179~180쪽 본문에서 인용된 "고찰"은 남춘우 외, 「Dy_2O_3가 첨가된 ZPCCD계 바리스터의 DC 가속 열화 특성'」, 《한국전기전자재료학회》, 16권 12호, 한국전기전자재료학회, 2003에서 인용.

181~182쪽 본문에서 인용한 "결론"은 김영호, 「고온에서 스피넬의 올리빈으로 역상변이 연구」, 《한국광물학회지》, 18권 4호, 한국광물학회, 2005에서 인용.

183~185쪽 참고 문헌을 다는 방식에 대해서는 '대한 토목 학회의 논문 투고 규정'을 참조했다. 학문 영역별 학회에 따라서 이에 관한 규정이 조금씩 다르기 때문에 학문 영역별로 논문의 참고 문헌을 달아 줄 때에는 해당 학회의 규정을 참조하여 처리하는 것이 바람직하다.

10장 제안서

191~192쪽 "제안서의 정의"는 Davis, M., *Scientific Papers and Presentations*, Academic Press, San Diego, 2002, p. 43 참조.

192~193쪽 "제안서 작성의 사전 준비"는 Paradis, J. G. and Zimmerman, M. L., *The MIT Guide to Science and Engineering Communication*, 2nd. ed., The MIT Press, Cambridge and Massachusetts, 2002, pp. 155-161; Olsen, L. A. and Huckin, T. N., *Technical Writing and Professional Communications*, 2nd. ed., McGraw-Hill, Inc., New York, 1991, p. 311 참조.

193쪽 "제안서의 작성 요령"은 Paradis, J. G. and Zimmerman, M. L., *The MIT Guide to Science and Engineering Communication*, 2nd. ed., The MIT Press, Cambridge and Massachusetts, 2002, pp. 162-171 참조.

194쪽 "제안서 작성을 위한 대응표"는 Paradis, J. G. and Zimmerman, M. L., *The MIT Guide to Science and Engineering Communication*, 2nd. ed., The MIT Press, Cambridge and Massachusetts, 2002, p. 165를 참조하여 다시 그린 것이다.

196쪽 "그림 10. 2 제안서를 쓰기 전에 점검해야 할 항목들"은 Olsen, L. A. and Huckin, T. N., *Technical Writing and Professional Communications*, 2nd. ed., McGraw-Hill, Inc., New York, 1991, pp. 310-311을 바탕으로 다시 정리한 것이다.

198쪽 "표제지"에 담겨야 할 내용은 Olsen, L. A. and Huckin, T. N., *Technical Writing and Professional Communications*, 2nd. ed.,

McGraw-Hill, Inc., New York, 1991, pp 312-314를 참조하여 정리한 것이다.

201~203쪽 제안서의 "본문"을 쓸 때 어떤 것을 검토할지는 다음 문헌에 상세히 나와 있다. Olsen, L. A. and Huckin, T. N., *Technical Writing and Professional Communications*, 2nd. ed., McGraw-Hill, Inc., New York, 1991, pp. 316-318.

202~203쪽 "결론"과 관련해서는 Davis, M., *Scientific Papers and Presentations*, Academic Press, San Diego, 2002, p. 52 참조.

213쪽 "사업 기획서"와 관련해서는 나카노 아키오, 나상억, 김원종 옮김, 『기획서 잘 쓰는 법』, 21세기북스, 2003 참조.

213쪽 "간결한 사업 기획서"의 견본은 패트릭 G. 라일리(Patrick. G. Riley), 안진환 옮김, 『강력하고 간결한 한 장의 기획서』, 을유문화사, 2002에 상세하게 소개되어 있다.

참고 문헌

국내 문헌

김기현, 「협동학습의 적용 사례연구」, 《공학교육연구》, 한국공학교육학회, 2002.

김명진, 「한국의 과학윤리 현황과 앞으로의 과제」, 《과학사상》 43, 범양사, 2002. 12.

김영식, 임경순, 『과학사신론』, 다산출판사, 1999.

김은주, 「학습자의 리더십 성향, 커뮤니케이션 성향 및 관계유지행동이 협동학습 수업만족도에 미치는 영향」, 《교육심리연구》 18, 교육심리학회, 2004.

노태희, 여경희, 전경문, 「문제해결전략에서 협동학습의 효과」, 《한국과학교육학회지》 19, 한국과학교육학회, 1999.

배원병 외, 『글쓰기와 발표하기』, 북스힐, 2003.

신동호, 「글 잘 쓰는 과학자가 성공할 확률이 높다」, 《과학동아》, 2002. 2.

연세대학교 공과대학, 「21세기 공학 교육의 개혁과 발전을 위한 연세공학교육학생평가단 발대식」(자료집), 연세대학교 공과대학, 2004. 3. 8.

연세대학교 교육개발센터 교육자료개발부 http://www2.yonsei.ac.kr/ctl/ edu/main/info.asp

연세대학교 교육개발센터 교육자료개발부, 「프레젠테이션 자료 제작 워크숍」, 연세대학교 교육개발센터, 2004. 10.

이은실, 김경선, 정유지, 「포항공대 글쓰기 프로그램에 대한 학생 의견 조사」, 포항공과대학교 대학교육개발센터, 2004.

이중원, 홍성욱, 임종태 엮음, 『인문학으로 과학 읽기』, 실천문학사, 2004.

임성규, 『글쓰기 전략과 실제』, 박이정, 1999.

임재춘, 『한국의 이공계는 글쓰기가 두렵다』, 마이넌, 2003.

정상조, 『지적재산권법』, 홍문사, 2004.

정희모, 이재성, 『글쓰기의 전략』, 들녘, 2005.

최동주, 박승희, 박종갑, 『이공계열 직업세계와 맞춤형 글쓰기』, 영남대학교 출판부, 2004.

홍성욱, 『과학은 얼마나』, 서울대학교 출판부, 2004.

홍성욱, 『생산력과 문화로서의 과학기술』, 문학과지성사, 1999.

홍성욱, 「인문학과 과학기술의 생산적인 만남」, 《한겨레》, 2000. 1. 17.

홍영석, 『과학 기술의 윤리성』, 교우사, 2002.

해외 문헌

木下是雄, 『理科系の作文技術』, 中公新書, 2002.

木下是雄, 『レポートの組み立て方』, ちくま學藝文庫, 2000.

中島利勝, 塚本眞也, 『知的な科學・技術文章の書き方-實驗リポート作成から學術論文構築まで』, コロナ社, 2001.

杉原厚吉, 『どう書くか-理科系のための論文作法』, 共立出版, 2001.

Alcay, A., "The renaissance engineer: educating engineer in a post-9/11 world", *European Journal of Engineering Education*, Vol. 28, Issue 2,

June 2003..

Alley, M., *The craft of scientific writing*, 3rd. ed., Springer, New York, 1996.

Amato, C. J., *The World's Easiest Guide to Using the APA*, 3rd. ed., Stranger Publishing Company, California, 2002.

Barrass, R., *Scientists Must Write*, 2nd. ed., Routledge, New York and London, 2002.

Bhatia, V. K., "Research genres in academic settings", *Analysing Genre*, Longman, London and New York, 1993.

Buranen, L. and Roy, Alice M. editors, *Perspectives on Plagiarism and Intellectual Property in a Postmodern World*, State University New York Press, 1999.

Clough, G., Agogino, A. and Campbell, G. et al., *The Engineer of 2020*, The National Academies Press, Washington, D. C., 2004.

Davis, M., *Scientific Papers and Presentations*, Academic Press, San Diego, 2002.

Felder, R. M., Brent, R., "Designing and teaching course to satisfy the ABET engineering criteria", *Journal of Engineering Education* Vol. 92, Washington, Jan. 2003.

Fernandes, A. and Mendes, P. M., "Technology as culture and embodied Knowledge", *European Journal of Engineering Education*, Vol. 28, Issue 2, June 2003.

Harris, R. A.,.Lockman, V., *The Plagiarism Handbook Strategies for Preventing, Detecting, and Dealing With Plagiarism*, Longman, New York, 1993.

Herder, P. M., Subrahmanian, E., Talukdar, S., Turk, A. S. and Westerberg, A. W., "The use of video-taped lecture and web-based communications in teaching: a distance-teaching and cross-Atlantic collaboration experiment", *European Journal of Engineering Education* Vol. 27, Issues. 1, 2002.

Holtom, Daniel and Fisher, E., *Enjoy Writing Your Science Thesis or Dissertation!*, Imperial College Press, 1999.

Lathrop, A. and Foss, K., *Student Cheating and Plagiarism in the Internet Era: A Wake-Up Call*, Libraries Unlimited, 2000.

Loche, D., *Science as Writing*, Yale University Press, New Haven and London, 1992.

Matthews, J. R., Bowen, J. M. and Matthews, R. W., *Successful Scientific Writing: A Step-By-Step Guide for Bioolgical and Medical Sciences*, 2nd ed., Cambridge University Press, London, 2000.

Melville, P., "The renaissance engineer: ideas from physics", *European Journal of Engineering Education*, Vol. 28, Issue 2, June 2003.

Moriarty, M. F., *Writing Science through Critical Thinking*, Jones And Bartlett Publishers, 1997.

Olsen, L. A. and Huckin, T. N., *Technical Writing and Professional Communications*, 2nd. ed., McGraw-Hill, Inc., New York, 1991.

Paradis, J. G. and Zimmerman, M. L., *The MIT Guide to Science and Engineering Communication*, 2nd. ed., The MIT Press, Cambridge and Massachusetts, 2002.

Rubens, P., *Science & Technical Writing: A Manual of Style*, 2nd. ed., Routledge, New York and London, 2001.

Shooter, S. and McNeill, "Interdisciplinary Collaborative Learning in Mechatronics at Bucknell University", *Journal of Engineering Education* Vol. 91, Washington, Sep. 2002.

Sides, C. H., *How to Write and Present Technical Information*, 3rd. ed., Oryx Press, Arizona, 1999.

Sorenson, S., *How to Write Research Papers*, 2nd. ed., ARCO, New Jersey, 1998.

Vanalstyne, J. S. and Tritt, M. D., *Professional & Technical Writing Strategies*, Pearson Education, Inc., 2002.

번역서

P. J. 프리드먼(P. J. Friedman), 김명진 옮김, 「연구윤리서설」, 『과학연구윤리』, 유네스코한국위원회 편, 당대, 2001.

W. 브로드, N. 웨이드, 박익수 옮김『배신의 과학자들』, 겸지사, 2002.

나카노 아키오, 나상억, 김원종 옮김, 『기획서 잘 쓰는 법』, 21세기북스, 2003.

레베카 스테포프(Rebecca Stefoff), 이한음 옮김, 『진화론과 다윈』, 바다출판사, 2002.

로버트 에를리히(Rober Ehrlich), 김희봉 옮김, 『어쩌면 사실일지도 모르는 9가지 크레이지 아이디어』, 사이언스북스, 2004.

선용빈 · 김유택 편저, 『엔지니어를 위한 문서 작성 지침』, 홍릉과학출판사, 2001.

시니치로 다케시마, 한유미 편저, 『프레젠테이션 기획과 실전』, 영진닷컴, 2001.

얼 배비(Earl Babbie), 고성호 외 옮김, 『사회조사방법론』 9판, 도서출판 그린, 2002.

월터 존 무어(Walter John Moore), 전대호 옮김, 『슈뢰딩거의 삶』, 사이언스북스, 1997.

요시다 요이치, 정구영 옮김, 『0의 발견』, 사이언스북스, 2002.

제니퍼 로톤도, 마이크 로톤도, 고광모 옮김, 『프레젠테이션의 기술』, 지식공작소, 2004.

존 앵구스 캠벨(John Angus Campbell), 「찰스 다윈: 과학의 수사가」, 존 넬슨(John S. Nelson), 박우수, 양태종 외 옮김, 『인문과학의 수사학』, 고려대학교 출판부, 2003.

존 캐리(John Carey), 이광렬, 박정수, 정병기 외 옮김, 『지식의 원전: 다빈치에서 파인만까지』, 바다출판사, 2004.

패트릭 G. 라일리(Patrick. G. Riley), 안진환 옮김, 『강력하고 간결한 한 장의 기획서』, 을유문화사, 2002.

피터 탤랙(Peter Tallack) 엮음, 김희봉 옮김, 『사이언스 북』, 사이언스북스, 2002.

칼 세이건(Carl Sagan), 홍승수 옮김, 『코스모스』, 사이언스북스, 2004.

찾아보기

모든 사람을 위한

과학 글쓰기

정확하게 명쾌하게 간결하게

1판 1쇄 펴냄 2006년 3월 31일
1판 13쇄 펴냄 2023년 3월 31일

지은이 신형기 외
펴낸이 박상준
펴낸곳 (주)사이언스북스

출판등록 1997. 3. 24.(제16-1444호)
(06027) 서울특별시 강남구 도산대로1길 62
대표전화 515-2000, 팩시밀리 515-2007
편집부 517-4263, 팩시밀리 514-2329
www.sciencebooks.co.kr

ⓒ 신형기 외, 2006. Printed in Seoul, Korea.
ISBN 978-89-8371-177-9 03400